写给孩子的极简科学史

[意] 洛里斯·斯泰拉 著

[意] 托马索·维杜斯·罗辛 绘

叶 晔 译 高 源 审校

西安交通大学出版社

XI'AN JIAOTONG UNIVERSITY PRESS

亲爱的读者朋友们：

我们有话想对你们说。

我们是本书的创作者——作者洛里斯和插画师托马索。我们曾是师生关系，经多年之后再次相遇，共同创作了这本《写给孩子的极简科学史》。洛里斯毕业于地球科学专业，目前是一名教师和音乐家；托马索毕业于哲学专业，目前是一名设计师和音乐家！这是一次美好的重逢，唤起了许多关于课堂、科学实验室以及小号演奏的温馨回忆，我们迫不及待地想与大家分享！

我们共同书写并描绘了这段简短而循序渐进的科学之旅，旨在回应你们的好奇心，帮助你们更好地理解周围的世界。我们充满激情，尽己所能，通过追溯原子和时间这两个核心概念的起源，尽量以最清晰和最前沿的方式来解释科学的发展历程。因此，我们建议你们从头至尾连贯性地阅读这本书，以便更好地理解各个阶段之间的科学联系和发现，从而更好地了解宇宙中的基本原理。

在这项工作接近尾声时，无论是在知识层面还是在教学艺术表达层面，我们自己也被深深吸引。我们不仅意识到宇宙的浩瀚以及自己对它的了解是多么有限，更为重要的是，我们对其中一种神秘的"生成机制"感到惊奇——它似乎在"强制"生命（甚至是死亡）按照某些规则持续不断地演化，而这些规则人类只是部分了解。

怀着好奇，我们不禁要问：到底是谁"发明"了这种机制，或者是否一直都是这样；它可能早就意识到其未来的发展和目标，并启动了如此庞大的项目，而对于我们人类而言，大概注定只能够了解其中一些片段。请记住：我们来自量子真空，但并非无中生有！接下来，这一深刻而令人惊奇的想法，就交由你们来探讨。

洛里斯·斯泰拉、托马索·维杜斯·罗辛

目录

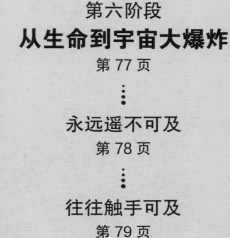
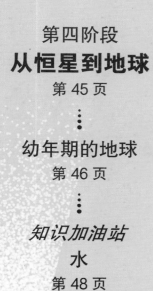
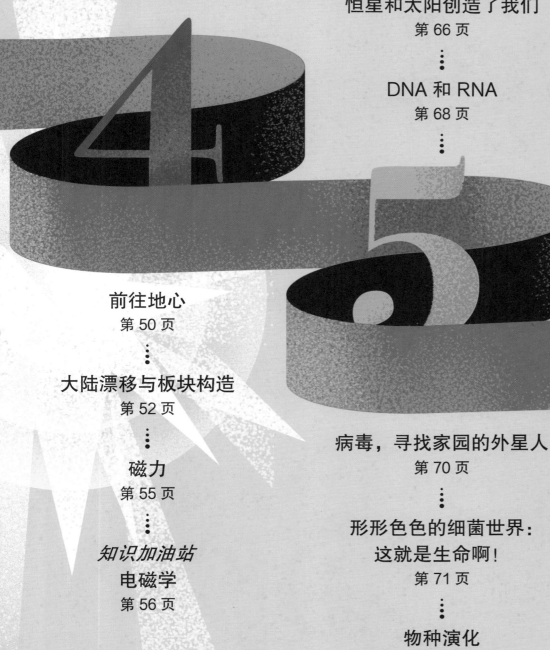

一切始于虚空

你看到那个小小的点了吗?

它似乎与这一页上许多其他的点相差无几。如果我们用力闭上眼睛,可以看到眼前飘浮着点的残像,它们出现,而后消失。

这个体积无限小、密度无限大的"奇点"将是整段旅程的开始。它即将迅速膨胀,进而产生整个宇宙。我们无法看得更远了。

起初,世界只有一片虚空。我们很难想象当时的情景,因为会觉得虚空里空无一物。但事实并非如此!

虚空即万物,同时也是万物的反面:物质和反物质、正能量和负能量……正如在数学中,人们会说,所有正数和负数相加等于零。它对等、平衡、稳定……你能想象吗?

这很难,不过我们可以一起尝试,因为所有的一切都是以那里作为起点——一切都从那片将是万物的终结、却又是万物的起始的虚空开始。

大爆炸

质子、中子和第一批氢原子核得以形成

大爆炸38万年后的宇宙背景辐射

第一阶段

从宇宙大爆炸到原子

宇宙在诞生最初瞬间发生的变化即是虚空的转变，从微观世界到宇宙，从非物质到物质。突然间，这个温度极高、体积极小的点像青蛙的声囊一样鼓了起来——膨胀开始了，宇宙随之诞生。

1. 时间和空间诞生了

在不到一秒钟的时间里，**时间**诞生了。同时产生的，还有快速膨胀的**空间**，它于瞬间从微观变成整个宇宙。从这一刻起，时间与空间变得牢不可分。

2. 力出现了，它是巩固宇宙的纽带

如今，科学家们了解了规定粒子间行为的**四大基本力**。这些力最初是统一的，在宇宙大爆炸之后分离为**引力、电磁力、强核力和弱核力**。

3. 基本粒子出现了，它们是构成宇宙的砖瓦

最初的宇宙，充满了几乎没有质量、速度接近光速的粒子——**夸克、玻色子**（胶子、光子等）、**轻子**（包括电子），它们组成了我们所见到的一切物质。

4. 质子和中子形成

随着宇宙温度的降低：**希格斯场**开始通过与粒子的相互作用赋予它们质量；夸克通过**胶子**介导的强核力结合，逐渐形成**质子**和**中子**，后者是原子核的组成部分。

3. 强核力

它将**质子**束缚在**原子核**中。质子带有
正电荷，因此质子之间更倾向于排斥，
是这种**力**量将它们牢牢束缚在一起。

力是矢量，可用带箭头的
有向线段表示。箭尾表示
力的作用点，箭头表示力
的方向，线段的长短表示
力的大小。

4. 弱核力

这种力导致了**放射性衰变**，即一些原
子的原子核转变为更稳定的原子核，
并在这个过程中释放出能量的一种
现象。

四大基本力

力是物体间相互作用，并使其静止或运动状态发生改变的根本原因。

在科学上，自然界中存在的基本力有四种，每一种在**强度**、**方向**和**作用点**上都具有不同特征。在现实生活中，我们每天都可以观察到**引力**和**电磁力**，而**核力**，无论强与弱，都只作用于原子核中。

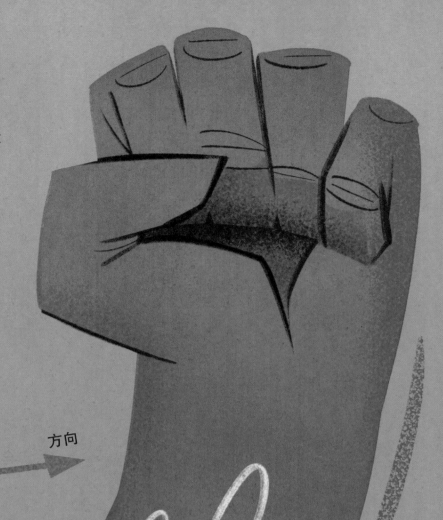

作用点　　　长度表示力的大小　　　方向

1. 引力

它通常仅表现为**吸引力**，但作用于所有类型的物质。它看上去是最弱的一种力，但作用范围非常广。它不仅能让我们摔倒在地，还与恒星、行星、星系的诞生息息相关……

2. 电磁力

电、光、磁是这种力可见的表现形式，**既可表现为吸引力，也可表现为排斥力。**
它的强度比引力更大。

光

如今，宇宙学已经能够向我们展示在宇宙创生的初期都发生了些什么，而对宇宙起源的研究则是从很久很久以前就开始了。如同伟大的航海家们循着星座的指引进行航行一样，科学家们也在第一时间把探索的目光投向了星星。

事实上，每一次我们看见一颗星星，都等同于进行了一次穿越时间之旅。众所周知，星星发出的光是由光子组成的，光子这种基本粒子以每秒30万千米的速度传播，这就是**光速**。

我们知道，天上的很多星星距离我们十分遥远，它们**发出的光需要很多年才能传到地球上人们的眼中**。如此遥远的距离需要用光年来进行测量。例如，如果一颗星星距离我们100光年，这意味着它发出的光要旅行100年才能到达地球。所以**我们看到的是这颗星星100年前的样子**。

光速

第一个计算光速的是丹麦天文学家**奥勒·罗默**，他于1676年使用位于不同城市的望远镜观测木星的卫星之一——木卫一的行星掩星现象，在已知与该卫星距离的情况下，他计算出了日食的时间。虽然他最初的计算并不十分精确，但仍足以证明光速并不是无限的。

光的粒子性

艾萨克·牛顿发现一束光线射入棱镜，会被分割成不同颜色的光线。他意识到白光是由不同颜色的光组成的，其中微小的粒子向不同方向折射。

光的波动性

克里斯蒂安·惠更斯假设光是一种波，它从源头开始传播。就如同石头掉进了池塘，通过这种方式，光可以穿过真空和其他物体。

那么光到底是波还是粒子？

光的粒子理论和波动理论引发了许多科学家的争论，他们有的支持光的粒子论观点，有的支持光的波动论观点。光呢，它为了让大家都高兴，有时表现得像波，有时则像粒子。

波是能量的载体，例如汽笛发出的声音就是一种典型的波。波长、振幅（强度）和频率定义了波的特征。频率指物体每秒振动的次数。

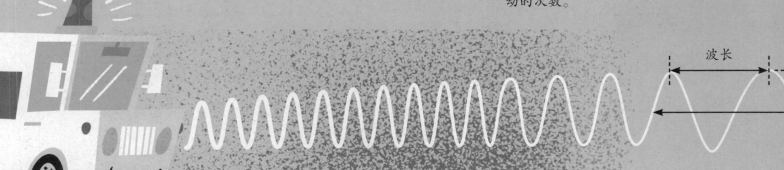

波长

振幅

奥勒·罗默
1644—1710

艾萨克·牛顿
1643—1727

13

克里斯蒂安·惠更斯
1629—1695

我们看到的颜色其实是那些不被物体吸收的光的颜色。绿叶吸收了除绿色以外其他所有颜色的光，白色 T 恤衫反射了所有颜色的光，而黑色 T 恤衫则吸收了所有颜色的光。这就是为什么在阳光照射下，黑色 T 恤衫的温度会最先变高。

不断膨胀的宇宙

通过研究光、观测星星，人类开始着手对宇宙进行测量。20 世纪初，我们绘制了一张"地图"，用以表现一个有限的、静止的、永恒的宇宙，有人却认为宇宙的真相并非如此。

首先提出疑问的是**亨丽爱塔·斯旺·勒维特**。这位天文学家观察了麦哲伦星云中一组恒星脉动的照片后发现，光度相同的恒星脉动周期也相同。据此，她发现了一种新的方法来比较恒星，并更加精确地计算出它们之间的距离。由于她的发现，人们认识到，**宇宙远比当时人类想象的要大得多。**

1917 年，**埃德温·哈勃**通过对**光谱**的测量分析，发现了所谓的**红移现象**，这是一种与已知的**多普勒效应**相关的现象。当我们听到救护车向我们驶来再远去时，就能体会到这种效应。

随着救护车驶近，声波首先会变密，然后，当救护车驶离时，声波则被"拉伸"，声音减弱。对于光来说，这个过程也一样，只不过这个过程中改变的是光的颜色：光的颜色在向着红色变化。哈勃发现星系正在远离彼此而去：**宇宙不再是静止的。**

比利时物理学家和牧师**乔治·勒梅特**为哈勃这个发现的进一步发展作出了贡献：他计算出了星系远离的速度，结果令人惊讶。举个例子，一个距离地球 300 万光年的星系正以每秒 67 千米的速度远离我们，而另一个距离地球 3 亿光年的星系则以每秒 6700 千米的速度远离我们。

如果宇宙中的一切看上去都在远离某一点，那么我们可以认为一切都来自这个点。**宇宙不再是永恒的，它是有起源的。**

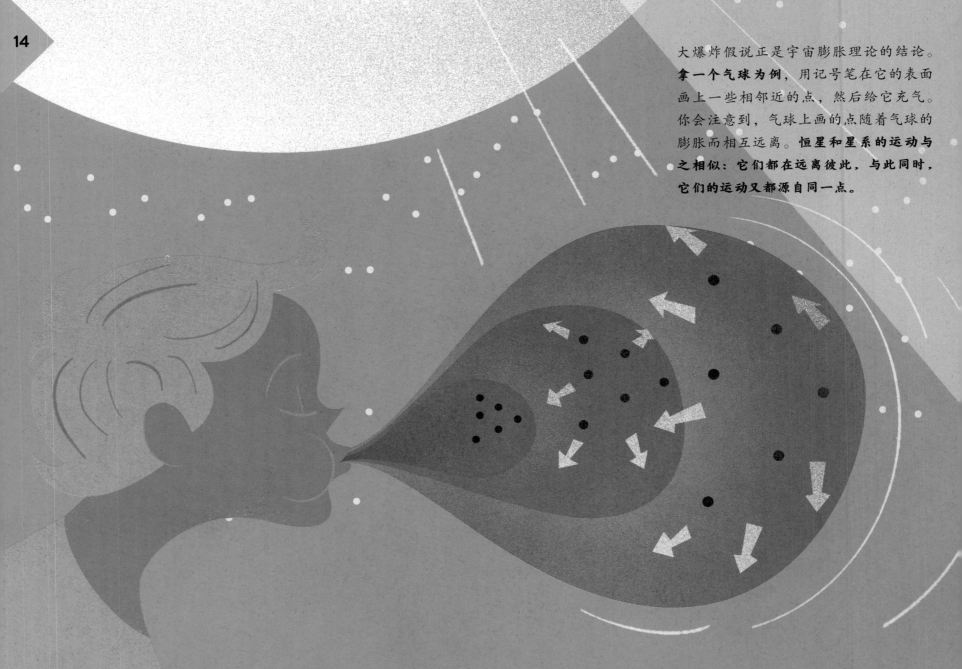

大爆炸假说正是宇宙膨胀理论的结论。**拿一个气球为例**，用记号笔在它的表面画上一些相邻近的点，然后给它充气。你会注意到，气球上画的点随着气球的膨胀而相互远离。**恒星和星系的运动与之相似：它们都在远离彼此。与此同时，它们的运动又都源自同一点。**

乔治·勒梅特
1894—1966

亨丽爱塔·斯旺·勒维特
1868—1921

埃德温·哈勃
1889—1953

决定性实验

1964 年，两位年轻的天文学家**阿诺·彭齐亚斯**和**罗伯特·伍德罗·威尔逊**，意外地发现了宇宙初始大爆炸之后留下的背景辐射。当时两人在用微波天线进行测量，但信号总是受到干扰。他们关掉了附近一家无线电台的天线，但毫无作用，干扰仍持续存在。他们甚至清理掉了鸽子在天线上留下的污垢……没用，干扰依然存在。由此，他们意识到，这是某种贯穿整个宇宙的"背景噪声"。

宇宙背景辐射

大爆炸之后约 38 万年，宇宙仍然在冷却中。**由于电磁力的作用，原子核中的质子和中子捕获电子，使得氢、氦和锂呈中性。**之前被电子不断吸收的光子现在可以自由移动了：迷雾重重的宇宙逐渐变得透明，光开始传播。残存的辉光就是由**电磁波组成的宇宙背景辐射。**

如今，这些光子已经向着红色变化并转变成微波：它代表的是一个原始的宇宙褪色的图景；时间点是在原子形成之后，但在恒星和星系形成之前。

越暗的区域越冷，浅黄色和红色的区域温度相对更高，未来的星系就将在那里形成。最热和最冷的区域之间的温差仅有 0.0005 开尔文。

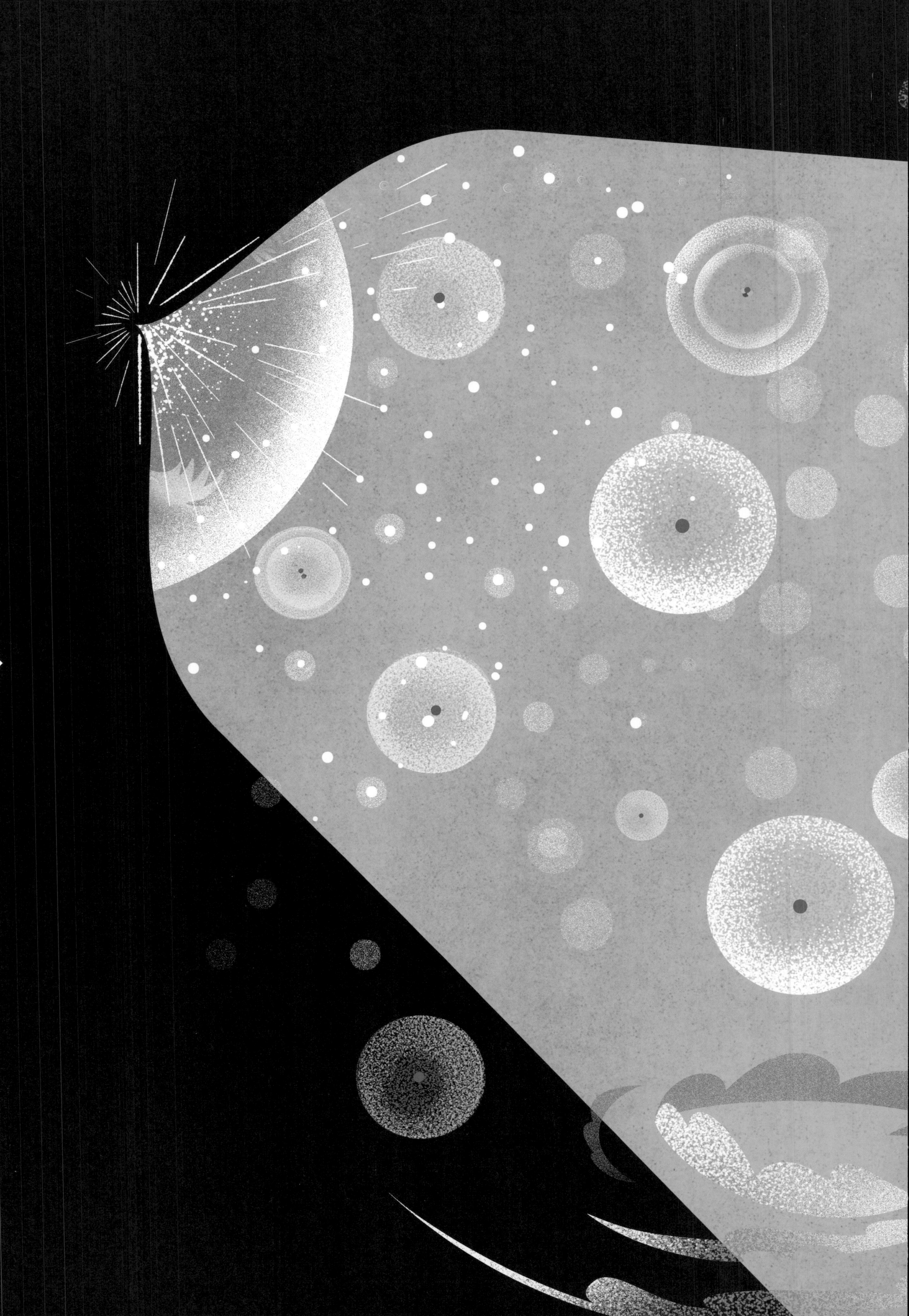

第二阶段

2

从 氢原子 到 化学元素

大爆炸之后的三分钟，基本粒子夸克和胶子形成了质子和中子。大约在 38 万年之后，它们捕获到了电子。第一批原子就这样诞生了：氢、氦和锂，它们是最早的化学元素。当时几乎不存在其他元素，但这三种元素足以开启构建我们周围一切的浩大工程。

所有的物质都是由不可分割的"砖块"组成——这种想法源自古代，但是直到 20 世纪，通过量子力学，我们才了解到原子及其组成部分的真实面貌。在微观世界中，探索原子运行原理的科学家必须放弃"科学是给我们的日常生活带来确定性的"这种想法，面对与日常截然不同的现实。

原子

我们知道物质是由基本单位——原子（"原子"的英文 atom 源自希腊语 άτομος，意为"不可分割的"）组成的。不同类型的原子构成了各种化学元素，元素聚集在一起形成分子以及各种化学物质。

第一批认为物质是由小到不可分割的"砖块"组成的人被称为**"原子论者"**，他们是生活在约 2400 年前的古希腊哲学家。他们的结论不是基于观察现实或者实验的结果，而仅仅是源于一种敏锐的推理。例如，如果我们把一张纸对半切开，再对半切开，再切开……如此这般，最终会发生什么？我们会毁了这本书，但我们终将遇到一个它无法再被分割的情况：它终究会变成一个事实上无法再被分割的单位。

从那时起，人类就一直在寻找原子。发现原子之后，人们意识到它还能被继续拆分：首先是**电子**，然后是带有**质子**和**中子**的原子核，再然后是**夸克**、**胶子**和其他**玻色子**。

所以，**原子是不是不可分割的？**当然不是，它是由不同的基本粒子构成的，但**原子是组成元素并保持该元素特征的最小单位**。

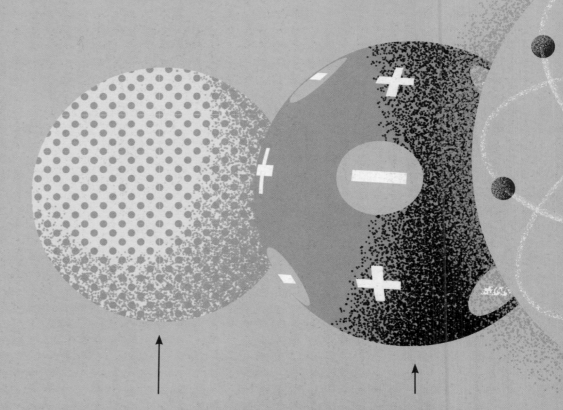

道尔顿首先尝试科学地描述原子："有一种被称为'原子'的微小粒子构成了所有物质；它们是不可分割且坚不可摧的；同一化学元素的原子具有相同的化学性质，不会转化或变化成不同的元素。"

在**汤姆孙**的时代，电已经是一种被研究并利用的现象，然而正是他发现电子是原子的组成部分。他认为电子附着在一个充满正电荷的球体上，就像面包上的葡萄干一样。

德谟克利特
约前460—前370

约翰·道尔顿
1766—1844

约瑟夫·约翰·汤姆孙
1856—1940

卢瑟福发现了原子核和质子。他认识到，原子主要由空洞的空间构成，电子在轨道上围绕原子核旋转，就像环绕着太阳运动的行星一样。

玻尔发现，电子可以通过吸收或释放能量，从一条轨道跃迁到另一条轨道。

薛定谔研究了电子的行为：它们不会在像铁轨那样精确的轨道上运行，而是在最有可能被发现的特定区域内移动。

欧内斯特·卢瑟福
1871—1937

尼尔斯·玻尔
1885—1962

薛定谔
1887—1961

原子核和电子

原子包括一个带正电的原子核，其中包含了质子和中子，原子核周围环绕着带负电的电子，原子的核外电子数等于核内质子数。

电子

电子不像行星那样按照精确的轨道运行。它们更像风筝，总想逃离我们的控制，这意味着它们的运动几乎无法预测，我们永远无法准确地知道它们在哪里。我们顶多知道最有可能观测到它们的地方，即在一个靠近原子核，被称为轨道的区域。这就是量子力学创始人之一**沃纳·海森堡**提出的**不确定性原理**。

这还不算完！该原理同时说明，我们无法同时精确确定一个电子的位置和动量*。我们对一件事情了解得越多，对另一件事情了解得就会越少。

20

原子核

原子核由**质子**和**中子**组成，质子带正电荷，中子不带电。

质子和中子由**夸克**构成，它们是我们的宇宙在诞生之初出现的基本粒子。正是依靠强核力，原子核中具有相同电性的电荷才能聚集在一起。

原子核

电子距离原子核很遥远：如果你是一个原子核，而你的风筝是一个电子，那么手里放风筝的绳子应该有几千米长。简而言之，原子中有很多空的区域。

电子带负电荷。它会被带正电荷的原子核吸引，由于它的**动能**大于势能，因此不会与原子核发生碰撞。

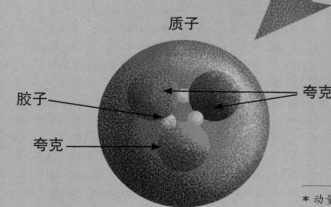

质子

胶子

夸克

夸克

*动量表示为物体的质量和速度的乘积，是物体在它运动方向上保持运动的趋势。

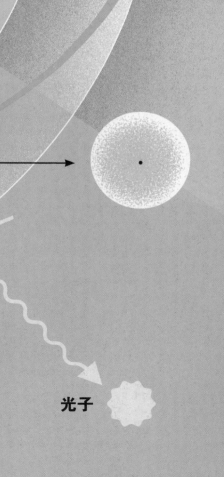

电子如何运作　1
量子又是什么?

很多人都拥有过一件夜光睡衣，每当我们关灯时，它就会亮起来。要解释这个现象的原理，可能需要一名核物理学家，或者至少需要一些物理学和量子力学知识，以帮助我们初步理解。

睡衣被设计成先吸收光线，然后将其释放，这个机制看似简单，但这其中的原子到底发生了什么呢？

1. 量子能量
我们可以先将一束光想象为由许多"能量包"组成的，这些能量包具有不同的能量量级，称为**光子**（光量子）。

2. 量子跃迁
睡衣原子中的电子吸收**特定能量**的光子，使它们能够跃迁到较高能级的外层轨道。电子跃迁所需的能量等于两个能级之间的能量差。

3. 能级回落
然后会发生什么？电子无法保持在更高能级上，会释放出之前吸收的能量，以光子的形式发射出去。在这个过程中，电子回到其原始的能级轨道。释放出来的光子就是我们看到的发光现象。

该设计利用**玻尔模型**来解释量子跃迁。但事实上每次跃迁，轨道的形状都会发生改变。轨道的不同形状对应不同的能量。

光子

▶ 知识加油站
能量

　　"能量"这种东西很奇妙。它可以从任何地方发出，就像鳗鱼或蛇一样从我们手中溜走，像变色龙一样伪装起来。它会产生影响，但是我们看不见它。

　　它有时以光速传播；它变化无常，无孔不入，凡是靠近它的都会受到它的影响。但是，它在哪里呢？

　　当用羊毛摩擦过的一支钢笔杆儿吸起一张纸，能量在这其中起到了什么样的作用？当太阳光温暖我们时，又或者当我们被人捉弄从自行车上摔下去时，能量在这其中扮演了什么角色？

　　你看不见它，但它就在那里！物理学家对能量进行了长时间的研究，但它总在躲藏。它会变幻，但永远不会消亡！

总能量

势能

动能

势能和动能

科学家将动能与势能统称为**机械能**。动能是物体由于做机械运动而具有的能量，与物体的质量和运动的速度有关；势能是储存在物体内的能量，与自身质量和相对高度有关。除此之外，还有内能（热能）、化学能等不同形式的能量，它们之间都是可以相互转化的。**在与外界不进行物质和能量交换的情况下，物体的总能量保持不变。**科学家们将这一事实称为能量守恒定律。这是一条放之全宇宙皆准的定律。事实上，自宇宙诞生以来，它的总能量一直保持不变。

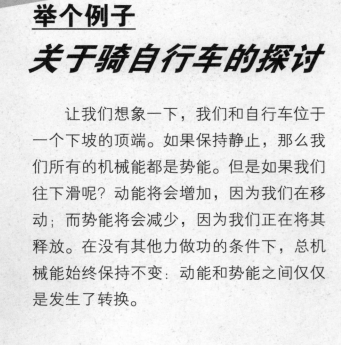

举个例子
关于骑自行车的探讨

让我们想象一下，我们和自行车位于一个下坡的顶端。如果保持静止，那么我们所有的机械能都是势能。但是如果我们往下滑呢？动能将会增加，因为我们在移动；而势能将会减少，因为我们正在将其释放。在没有其他力做功的条件下，总机械能始终保持不变：动能和势能之间仅仅是发生了转换。

分子和化合物

如果没有电子，所有物质都无法存在：原子通过化学键形成分子和化合物，而化学键的形成则是通过原子间的电子重叠或转移来实现的。

分子是物质中保持该物质性质的最小单元。

例如，水分子由 2 个**氢原子**（H）和 1 个**氧原子**（O）构成，写作 H_2O；食用盐由 1 个**钠原子**（Na）和 1 个**氯原子**（Cl）构成，写作 NaCl，读作**氯化钠**；二氧化碳（CO_2）由 1 个**碳原子**（C）和 2 个**氧原子**构成；氨（NH_3）则由 1 个**氮原子**（N）和 3 个**氢原子**组成；诸如此类。

原子如何结合从而形成化合物？

为了弄清这件事，我们需要观察两种不同的原子在特定环境下靠近彼此时，其各自电子的行为。它们结合形成的产物紧密相连，只有在特定情况下才能被复杂的反应和过程拆分。

举个例子　*食用盐*

钠（Na）的 11 个电子排列在三条轨道上，第三条轨道上只有 1 个电子。

氯（Cl）的 17 个电子排列在三条轨道上，第三条轨道上有 7 个电子。

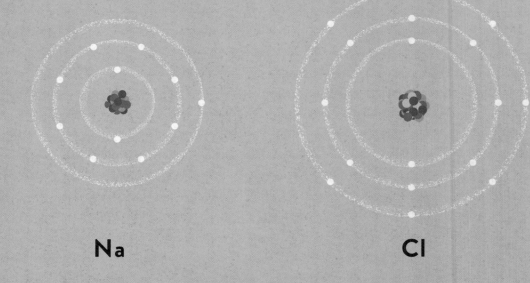

Na　　　　　　**Cl**

它们看起来就像是天生一对，换言之，它们互相喜欢！

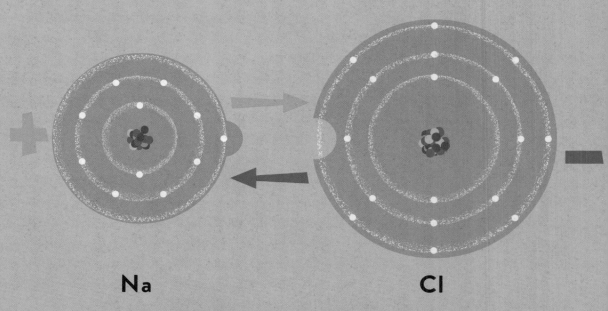

Na　　　　　　**Cl**

钠把自己的 1 个电子给**氯**。还记得电子带有负电荷吗？给出 1 个电子的**钠**变成一个正原子，称为正离子，而**氯**呢，由于获得了 1 个电子而变成负离子……

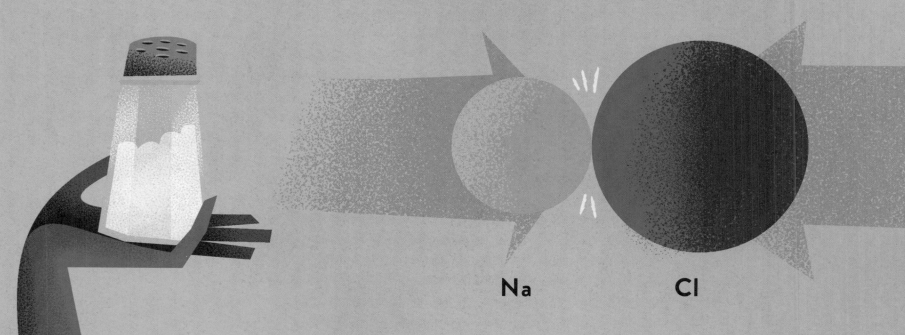

Na　　　　　　**Cl**

24

NaCl

由于离子（带电荷的原子）有数十亿，所以它们通常会聚集在一起，形成一个被称为"晶胞"的基本单元，晶胞不断重复自身以形成晶体。下图为简化的几何模型，但我们可以用肉眼观察到盐晶体：透明的立方体。

再谈谈能量
热量和温度

能量的另一种形式就是热量。即使我们无法用肉眼观测到，但在每一个有热量的物体中都有原子在振动。

我们给一个**物体加热越久**，它的原子在吸收能量时的**振幅就越大**：它们围绕原先的位置移动，彼此远离，从而产生热膨胀。

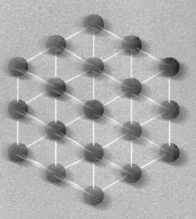

相反，如果我们对一个物体进行冷却，振动就会减少。如果原子完全静止，没有任何振动，那么这个物体将拥有理论上宇宙中的最低温度（-273.15℃）。

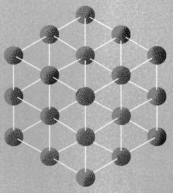

因此，我们用温度计测量的温度代表原子振动的激烈程度，即动能。事实上当我们发烧，用水银体温计量体温时，水银会膨胀并沿着柱体上升，是因为温度计玻璃泡的原子将振动传递给了它。

现在你可以理解了，形成我们周围物质的原子，因其本身的动能不同，可能处于不同的聚集状态：**固态、液态或气态**。通过升高或者降低温度，物质因其固有特性会有相应的临界点，即熔点、沸点和凝固点，例如：水在0℃时凝结成冰，在100℃时沸腾；铁在1538℃时熔化，在2750℃时沸腾。蒸发，即随着温度升高（也取决于气压），液体向气体持续转变的过程。

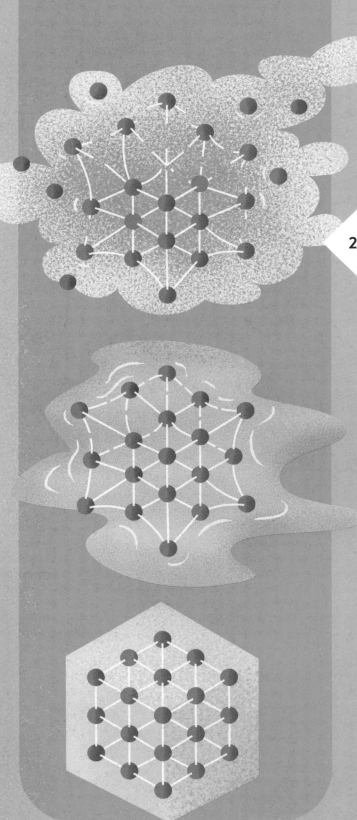

电子和电

电子存在于电学现象中。在发现这种粒子之前，我们已经在很多领域感受过"电"了：摩擦过的塑料笔会吸起碎纸片，我们梳头时头发会随着梳子竖立起来，这些现象中都存在着电荷。古希腊时期，人们在使用琥珀时就已经发现了静电现象，英文中表示"电的"词根（electr-）即源于古希腊语中的琥珀"ἤλεκτρον"一词。

电势

1799 年，**亚历山德罗·伏特**将铜、锌圆盘和经酸浸泡的毛毡圆盘交叠堆放，制成了著名的"伏打电堆"。他将两个极端中的负极称为**阴极**，正极称为**阳极**：**电子会自发地从电子过剩的阴极传递到电子缺乏的阳极**。这种电荷差被称为**电势**，以**伏特**为计量单位，这就是为什么家用的电插头有两个尖端（极），电势差为 220V。

电流强度

电流也具有一定的**强度**，即在单位时间内通过导体某一横截面的电子数量，以**安培**为计量单位。

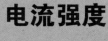

亚历山德罗·伏特
1745—1827

电流的发现与研究，使得我们利用其产生的各种效应研发出了许多日常用到的技术。

热效应：电流流经**导体**（通常为金属）会遇到**电阻**，随即与导体的原子发生碰撞；金属丝因此**发热**，变得像灯泡里的灯丝一样明亮，或是像烤面包机、熨斗或烤箱里的金属管一样热。

欧姆定律描述了电流与电压、电阻之间的关系，**焦耳定律**则反映了电流的热效应与电流、电压、电阻之间的关系。

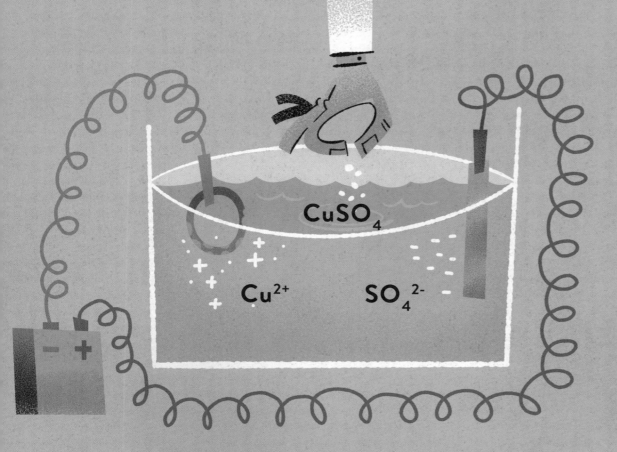

化学效应：电流流经电解液（如盐、酸或氢氧化物溶液）时，电解液中的带电离子会在电场作用下移动，在电极上发生化学反应。**迈克尔·法拉第**（1791—1867）首次观察到**电解**现象（通电分离）。电流的这种效应已被人们加以利用，例如，从表面覆盖金属的物体或者矿物中提取金属。

电流的磁效应：电流通过导体会在周围产生磁场（磁场指磁铁或指南针指针受影响的空间区域）。电动机即利用通电导体在磁场中受力转动的原理制成的，可以将电能转化为机械能。反之，利用磁场产生电流的现象叫作**电磁感应现象**。这一特点被用来将机械能转化成电能。例如自行车发电机，当磁性转子绕轴旋转，则在线轴（螺线管）中产生连续的感应电流。

化学元素

德米特里·门捷列夫
1834—1907

原子序数 — 26
质子数

元素符号 — **Fe**
拉丁文名称

相对原子质量 — 55.85
约为质子数+中子数

元素名称 — 铁

1 **H** 氢						
3 **Li** 锂	4 **Be** 铍					
11 **Na** 钠	12 **Mg** 镁					
19 **K** 钾	20 **Ca** 钙	21 **Sc** 钪	22 **Ti** 钛	23 **V** 钒	24 **Cr** 铬	25 **Mn** 锰	26 **Fe** 铁
37 **Rb** 铷	38 **Sr** 锶	39 **Y** 钇	40 **Zr** 锆	41 **Nb** 铌	42 **Mo** 钼	43 **Tc** 锝	44 **Ru** 钌
55 **Cs** 铯	56 **Ba** 钡	57–71 **La-Lu** 镧系	72 **Hf** 铪	73 **Ta** 钽	74 **W** 钨	75 **Re** 铼	76 **Os** 锇
87 **Fr** 钫	88 **Ra** 镭	89–103 **Ac-Lr** 锕系	104 **Rf** 𬬻	105 **Db** 𬭊	106 **Sg** 𬭳	107 **Bh** 𬭛	108 **Hs** 𬭶

57 **La** 镧	58 **Ce** 铈	59 **Pr** 镨	60 **Nd** 钕	61 **Pm** 钷	**S**
89 **Ac** 锕	90 **Th** 钍	91 **Pa** 镤	92 **U** 铀	93 **Np** 镎	**P**

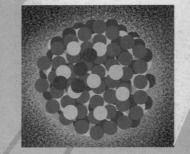

俄国化学家**德米特里·门捷列夫**于 1869 年绘制出了**化学元素周期表**，即截至当时已知的约 60 种元素的排列表；如今，我们发现的化学元素数量几乎是当时的两倍。门捷列夫根据化学性质将它们分类，并按照**原子序数**（质子数）和**相对原子质量**（约为质子数和中子数之和）将其排序。记住，每一种单独的元素的性质取决于质子数量。

我们之前看到了，在大爆炸之后的 38 万年里，第一批元素如氢和氦是如何形成的。那么其他的元素又是从何而来的呢？为了了解这些，我们必须再次将目光投向星空。

2 He 氦

5 B 硼	6 C 碳	7 N 氮	8 O 氧	9 F 氟	10 Ne 氖
13 Al 铝	14 Si 硅	15 P 磷	16 S 硫	17 Cl 氯	18 Ar 氩

27 Co 钴	28 Ni 镍	29 Cu 铜	30 Zn 锌	31 Ga 镓	32 Ge 锗	33 As 砷	34 Se 硒	35 Br 溴	36 Kr 氪
45 Rh 铑	46 Pd 钯	47 Ag 银	48 Cd 镉	49 In	50 Sn	51 Sb	52 Te 碲	53 I 碘	54 Xe 氙
77 Ir 铱	78 Pt 铂	79 Au 金	80 Hg 汞				84 Po 钋	85 At 砹	86 Rn 氡
109 Mt 鿔	110 Ds 鿈	111 Rg 轮	112 Cn 鿔				116 Lv 铊	117 T	118

63 Eu 铕	64 Gd 钆	65 Tb 铽	66 Dy 镝	67 Ho 钬	68 Er 铒	69 Tm 铥	70 Yb 镱
95 Am 镅	96 Cm 锔	97 Bk 锫	98 Cf 锎	99 Es 锿	100 Fm 镄	101 Md 钔	102 No 锘

安托万－洛朗·德·拉瓦锡
1743—1794

通过测量化学反应后的元素质量，拉瓦锡明白了："没有什么东西被创造或是泯灭，一切都发生了转化。"他还提取出了一些基本元素，比如氢（通过燃烧氢可以获得水）和氧。

玛丽·居里
1867—1934

居里夫人发现了元素**镭**和**钋**，并提出"放射性"一词。1903 年，她获得了诺贝尔物理学奖。

第三阶段

3

从
化学元素
到
恒星

　　宇宙中的很大一部分，包括我们自己和周围的一切，都是由化学元素及其化合物组成的。自我们开始这段旅程以来，遇见了三种元素：氢、氦，还有少量的锂（氢和锂的原子核是由质子和中子通过核聚变结合形成的）。大爆炸之后，随着温度的降低，没有其他元素形成，必须发生一些其他的事情才能产生种类繁多的化学元素。这时，就轮到引力发挥作用了。

引力

引力是四种基本力中第一个被发现的。很多人都对其性质进行了研究，其中包括伽利略、牛顿和爱因斯坦。引力的强度非常弱，我们甚至可以通过跳跃来抗衡它，但它的作用范围是无限的。它是行星、恒星、星系诞生和毁灭的源头。

伽利略已经证明，所有的物体，无论质量差异多大（比如石头和羽毛），**在没有空气阻力的情况下，都会以相同的速度下落。**在有空气阻力的情况下，物体的下落速度取决于它与空气之间的摩擦，因此也与它的形状、体积有关。

牛顿曾经说过，将物体吸引到地面的力，和迫使月球绕地球转动的力是相同的。如果我们向天空扔出一块石头，它迟早都会掉下来，但如果我们非常用力地将石头扔出去，它有可能就会摆脱重力的束缚，像一颗卫星一样进入太空轨道。

爱因斯坦作出假设，引力也应当存在一个场，就像电和磁一样，即力作用的空间区域。与在空间中传播的电磁现象不同，按照爱因斯坦的理论，**引力场本身就是一种空间。**恒星和行星就像是在此空间中运动的物质一样：由于物体有质量，因此引力场会发生拐弯、移动、摇摆、弯曲。

一颗恒星的诞生

有了引力，只需要三种原子就能够形成恒星、行星和星系。毫无疑问，氢原子是一种微小的物质，每两颗原子之间的引力也很小，但是如果我们往数以百万计的原子的数量级去思考的话，那么原子之间加起来的引力总和则可能是毁灭性的。

由无数氢原子组成的气体云在自身引力作用下发生坍缩，向着中心的方向放出射线。

坍缩使得粒子间互相接近并相互碰撞获取能量：尘埃因摩擦而开始升温。

大爆炸之后大约 10 亿年，第一批原恒星开始形成。它们起源于一些由氢、氢和尘埃组成的**星云**的引力坍缩。原恒星吸积其他物质，坍缩则使得它们中心的温度提高了数千摄氏度。这引发了一场核聚变反应，足以对抗造成原恒星坍缩的引力。

抵消，恒星停止坍缩。

当温度达到约 **1500 万**摄氏度时，引发**核聚变反应**：恒星诞生了。

核聚变反应释放的能量正好与引力抵消，恒星停止坍缩。

我们是恒星的尘埃

引力坍缩所产生的能量巨大，足以突破质子的斥力，从而使它们形成新的原子并释放出大量能量。这种反应就叫核聚变。

H
He
C

氢原子核（主要是质子）通过碰撞，形成了由两个质子组成的**氦原子核**。由此**产生的氦原子的质量相比最初形成它的氢原子质量要少1%**，这是因为损失的质量转化成热量，引发进一步的核聚变反应。恒星通过燃烧传递能量，氦变得更多，氢变得更少。

三个氦原子核聚合成含六个质子的碳原子核。由**碳**再形成**氧**，然后是**镁、硅、硫**等。每一种化学元素都是之前核聚变产生的"灰烬"。

核聚变反应的最后一个阶段是铁，它是核聚变最终形成的元素。当恒星的核心充满铁时，**能量外溢结束**，引力再一次获胜。这颗恒星在自身引力作用下坍缩并引发一场巨大的爆炸，这就是**超新星爆发**。在这场爆炸中，恒星向外抛出了其大部分质量，并产生了大量不同的原子。

我们看的、摸的、吃的、闻的一切都来自恒星，就连我们自己也是!

$E=mc^2$

我们都听说过这个公式，它是相对论的基础。这是物理学中最著名的公式，随处可见，甚至会印在T恤衫上! 这个等式的意思是，**能量等于质量乘以光速的二次方**。由于光速的数值非常大，那么依据这个公式，我们可以从很小的质量当中获得**大量的能量**。

让我们看看它是如何应用在太阳的反应中的：当氢原子核融合成更大的氦原子核时，氢失去1%的质量，转化成能量。也就是说，**100克的氢融合成氦，太阳损失了1克质量**。取代这1克质量的是超过200亿卡路里的能量，也就是相当于20000吨TNT当量。

核裂变

我们说过，铁是整个核聚变过程的最后阶段。20 世纪 30 年代，玛丽·居里的女儿伊蕾娜·居里发现了一种人工获取同位素的方法，即将 α 粒子（氦原子核）导入其他原子的原子核中。若干年之后，**恩里科·费米和被称为"帕尼斯佩纳街男孩（Via Panisperna boys）"** 的罗马核物理研究所青年访问学者们发现，**中子**更适合被置入原子核中，因为它是电中性粒子。

于是他们开始做实验，用中子轰击不同的原子。当他们用到铀时，它分裂成两种不同元素的原子核——氪和钡，并释放出大量能量。这样得到的**两种元素的质量之和小于铀的质量**，因为缺失的质量已经在裂变过程中转化为了能量。

这一发现正是**核电站**技术的基础，即将裂变能转化为电能。**原子弹**也是这样的，科学研究的最高点之一与人类历史上最富戏剧性的一点相交了。

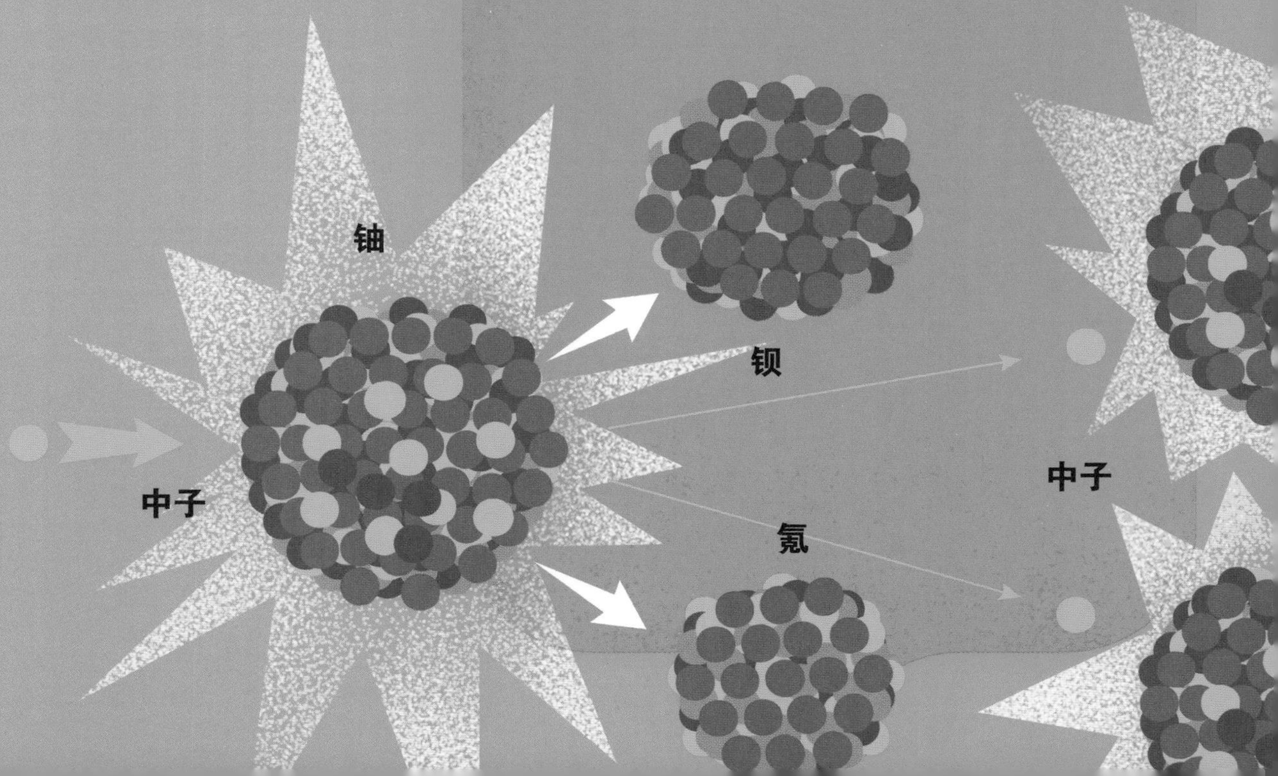

10 Ne 氖

12 Mg 镁

O

Fe

14 Si 硅

16 S 硫

铀

钡

中子

中子

氪

恒星的一生

当一颗恒星开始发光之后，它会在引力和动能之间建立一个平衡状态，它会有一个很长的稳定阶段。我们的太阳正处在这个阶段之中，但不会永远持续下去。数百万年之后，平衡将被打破。

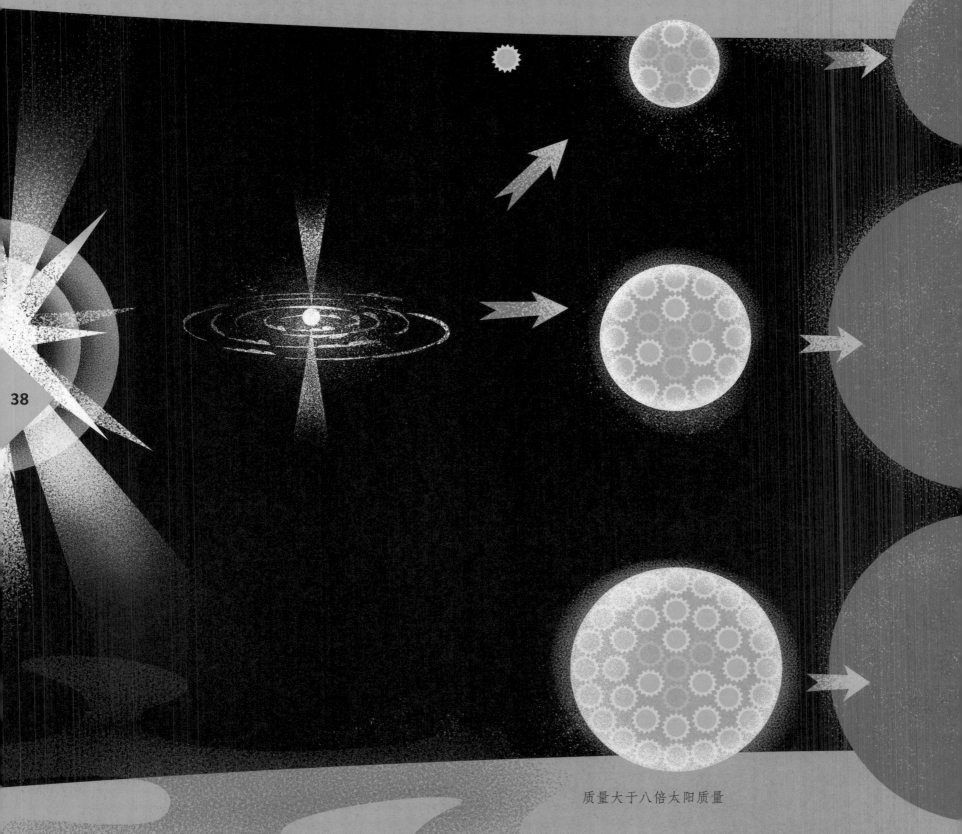

以我们的太阳为计量单位　　　　质量小于八倍太阳质量

质量大于八倍太阳质量

一颗恒星将内部的**氢**耗尽并转变成氦，它将膨胀成为一颗**红巨星**或变为巨大的**红超巨星**。事实上，它的内核将在引力作用下不断被压缩，致使温度升高，它的外层则将极大地膨胀。随着时间不断推移，恒星将只剩下密度最大的核心部分。此时，恒星变为一颗小而明亮的**白矮星**。

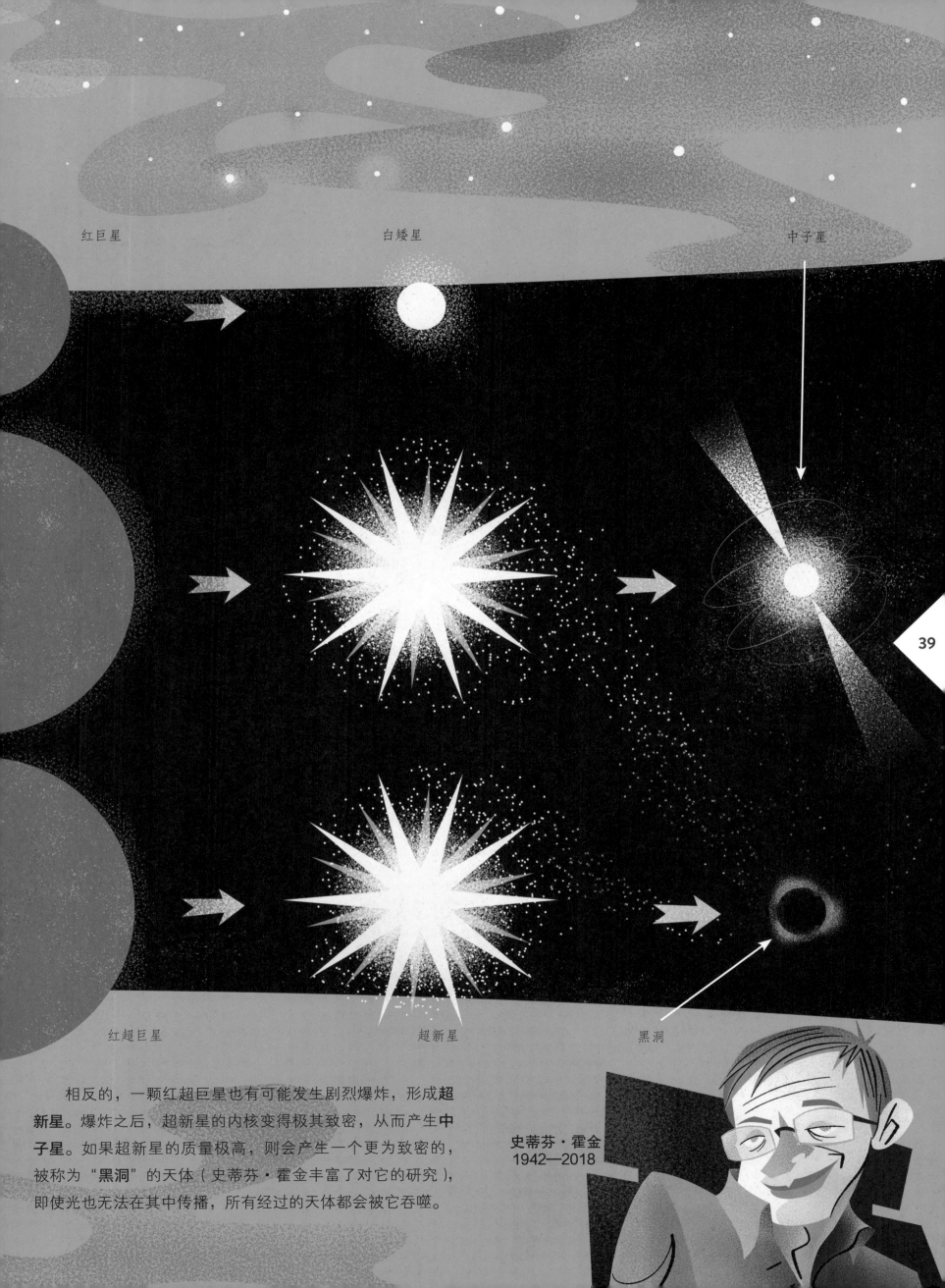

红巨星　　　　　　　　白矮星　　　　　　　　　　　　中子星

39

红超巨星　　　　　　　超新星　　　　　　黑洞

史蒂芬·霍金
1942—2018

　　相反的，一颗红超巨星也有可能发生剧烈爆炸，形成**超新星**。爆炸之后，超新星的内核变得极其致密，从而产生**中子星**。如果超新星的质量极高，则会产生一个更为致密的，被称为"黑洞"的天体（史蒂芬·霍金丰富了对它的研究），即使光也无法在其中传播，所有经过的天体都会被它吞噬。

我们的太阳系

我们所知道的距离地球最近的恒星是太阳。太阳一直是我们的参照物，它对于附近的行星来说，都是一个位于中心的角色。但历史上并非一直如此。

亚里士多德
前384—前322

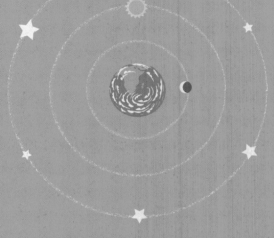

几千年来，人类一直将太阳视为神明，地球则被视为双脚踏着的一片大地。其实人类一开始会有这种观感也很正常，毕竟放眼望去的景象是：太阳围绕我们旋转，而地平线广阔平坦。但早在古代，古埃及人和古希腊人就已经发现了地球是个球体。公元前 4 世纪的**亚里士多德**曾经假设，**地球是许多旋转着的同心透明球体的中心**，其他天体（包括太阳、行星和恒星）都镶嵌于这些

40

阿尔伯特·爱因斯坦借助其著名的广义相对论向我们展示了一种新的引力的**表述方式**：如果将其运用于我们的太阳系，我们会发现**地球和其他行星**并不是因为被太阳吸引而绕其公转，而是因为它们**直接进入了一个因太阳本身而产生倾斜和弯曲的空间**。

尼古拉·哥白尼
1473—1543

约翰尼斯·开普勒
1571—1630

牛顿首先用引力解释了行星的轨道，接下来**开普勒**发现这些轨道其实是椭圆形而非圆形。这样一来计算就正确了，或者说几乎正确了。只有**水星**的运动无法用这种方法解释清楚，观测到它的地方永远都不是计算中它应该在的地方。

阿尔伯特·爱因斯坦
1879—1955

透明的"天球"之上。亚里士多德的表述一直等到 1543 年才被推翻，那时，哥白尼出版了《**天球运行论**》，将太阳推到了宇宙的中心。人类不再是宇宙的中心。这是一场真正的革命！这解决了许多问题，但还不能将一切解释清楚。

水星进动

岁差是指行星围绕太阳运行的轨道本身所发生的轻微偏离。在爱因斯坦之前，没有人解释过岁差远高于其他行星的水星进动的现象；多年来，人们甚至试图寻找另一颗行星，来证明水星进动的合理性，直到 1905 年，爱因斯坦发表了相对论，并用正确的计算解释了水星轨道异常的原因。

我们的银河系

英文"银河系"（Galaxy）一词源于希腊语"γαλαξία"，意为"牛奶"。仰望星空，能够看见一道清晰的"白练"横贯夜空，人们以"牛奶"为其命名。银河系正是我们所在星系的名字，它是一个拥有数千亿颗恒星的螺旋状星系。

人马座矮椭球星系

太阳系的起源

太阳系起源于银河系的猎户臂：一片由**超新星爆炸**产生的氢、氦和其他化学元素所组成的**巨大星云**，其中心处不断增厚，形成了原太阳。

这时的引力始终是主角：在星云的某些区域，引力将太空中遇到的一切聚集到一起并压缩，最终变得越来越大。

在银河系的中心有一个黑洞——人马座 **A**，它一直都存在于假设中，近期才被"拍"到。它距离我们约 26000 光年。

根据另一个最新的假说，太阳系诞生于**银河系**和**人马座矮椭球星系**之间的一场碰撞，人马座矮椭球星系是银河系的卫星星系，体积只有其十分之一。当发生偶遇时，**较大星系会从较小的星系里吸取一些物质、尘埃和气体，这些会促成新恒星的形成**。这样的相遇至少有三次，分别在 10 亿年、20 亿年和 50 亿年前，这与新恒星诞生剧烈的时期相对应。

在离星云中心最远的区域，尘埃和气体不断积累、聚集，首先形成小颗粒，然后是更大的星子，最后行星形成了。星云中心温度更高，外部温度更低，这种温度上的差异导致了形成的天体之间的差异：**离太阳最近的行星是岩石构造的**；较远的行星则是气态的；而更远的一些则主要是由**冻结的水、甲烷和氨组成**的天体以及彗星。

薇拉·鲁宾与暗物质

就像行星围绕太阳旋转一样，星系也会围绕其中心旋转。在太阳系中，**距离中心更近的行星比远离中心的行星拥有更快的运行速度**。但是薇拉·鲁宾发现，在某些星系中情况并非如此：**靠近中心和远离中心的物体以相同的速度移动**。这样的异常情况是暗物质存在的第一条线索。所谓"暗物质"是一种有质量的物质，会干扰引力，自身却不留下任何痕迹。暗物质成为宇宙未解谜团之一。

银河系的直径约为 **10 万光年**，它的年龄约为 **137 亿年**，几乎与宇宙的年龄差不多。

薇拉·鲁宾
1928—2016

43

水星

金星

地球

火星

木星

土星

天王星

海王星

第四阶段

4

从恒星到地球

地球形成于约 45.4 亿年前。我们之前谈过星子：它们的尺寸从几毫米到几百千米不等，根据其形成原理不同，有的行星是气态，有的则是岩石，就像地球那样。数千年来，爆炸和聚合反应十分频繁，伴随着引力收缩、小天体撞击与放射性元素的衰变，地球温度不断升高。大约 40 亿年前，地球才完全稳定下来。

最常见的化学元素是氧、硅、铝、镁、钙和铁，它们是后来形成岩石的主角。特别是氧和硅，由于本身的电子构型，它们更容易与其他元素发生反应。

幼年期的地球

铁心灾变

当内部温度达到 5000℃时，地球呈岩浆熔融状态，所谓的"**铁心灾变**"发生了：较重的元素如铁和镍，它们下沉形成**地核**，中等质量的元素构成**地幔**，而较轻的元素则形成富含轻质硅酸铝的**薄薄地壳**。原始大气中是不含氧的，但富含火山喷发产生的氮、硫、二氧化碳和水蒸气。

大碰撞

大约 45 亿年前，地球经历了一次重大事件，即"**大碰撞**"，一颗比火星稍小的行星忒伊亚靠近地球并与之发生了剧烈的碰撞，碰撞将地球的一部分碎片和忒伊亚本身抛向了太空。地球变得支离破碎，其核心的**铁元素也进入到地核当中，地轴由于撞击而产生倾斜**，星球表面的对称性也发生了变化。这是一场灾难，而忒伊亚也裂成了碎片。后来，这些流浪的行星碎片中的很大一部分聚集在一起**形成了月球**，它的核心几乎不含铁，部分岩石则源自从地球剥离的一部分。

月球比我们的星球年轻约1亿年，当时它距离地球24000千米，比现在的地月平均距离（384400千米）要近得多。这意味着月球的潮汐引力强烈地作用于地球的岩浆，使其周期性地膨胀并破裂，难以形成地壳。在当时，这两颗星球的自转速度都非常快。

蓝色海洋与锆石

热量继续向太空中扩散，直到地球温度低于1300℃，这是形成第一块岩浆岩所需要的温度。在地球温度大幅下降之后，**由大量水蒸气和其他气体（没有氧气）形成的大气开始降下雨水**，几千年后便灌满了巨大的全球盆地，在大约40亿年前形成了原始海洋。这片海洋，虽然不深，却呈现出深蓝色。

阿波罗登月计划的宇航员带回地球的月球岩石样本年龄为44.6亿年，验证了我们关于这颗卫星起源的假说。

在澳大利亚的杰克山区，有着地球上最古老的岩石。这些碎屑岩是由来自古代岩层侵蚀（如今已消失）而成的沙粒形成的，这表明它们可能曾在海盆中沉积。研究表明，硅酸锆颗粒（ZrSiO₄）这种矿物质因其硬度**几乎坚不可摧，因此可以在岩石循环中多次"回收利用"而不被改变。**

硅酸锆分子中含有的氧同位素以及嵌在矿物颗粒中的铀使我们能够确定岩石的年代。我们知道铀-238经过45亿年的放射性衰变会转化为铅。因此，当我们今天找出矿物颗粒中铀和铅含量的比例，便可以确定它们的年龄。最古老的锆颗粒有44亿岁，比地球年轻约1亿年。这也证明原始海洋或许在当时已经存在了，是它侵蚀海床和第一批岩石而形成沙粒。

水

水的化学式非常简单，H_2O，但是它来源于复杂的化学和生物化学过程。

正如我们所见，氢气和氧气的燃烧反应是非常剧烈的，即使它们的产物只是水而已。数百万年以来，海水覆盖了我们星球的大部分区域。气候的变化导致两极的冰川融化，从而引起海平面上升：陆地将会越来越少，而水则会越来越多，这可能会引发灾难性事件。因此，了解水的特性和状态是十分有必要的。

极性分子

水有一个有趣的特性，由于形成化学键的氧原子和氢原子的电负性*不相同，从而共用电子对偏向电负性较高的原子，这使得分子具有一种**特殊的不对称性**：在氢的一侧带有弱的正电；相反，在氧的那一侧带有负电。因此，水分子被认为具有**极性**，这种极性赋予了水分子**内聚力**，我们每天都能看到它所产生的影响。

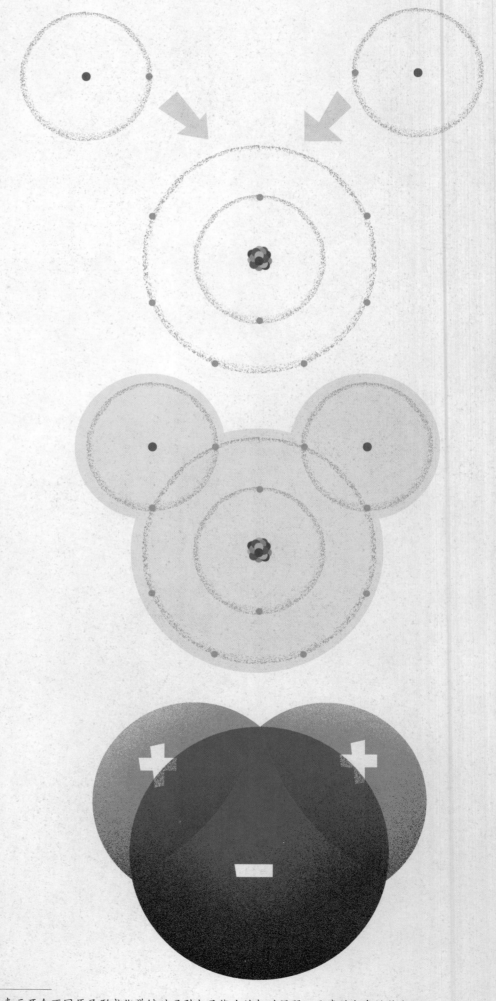

* 电负性表示两个不同原子形成化学键时吸引电子能力的相对强弱。元素的电负性越大，其原子在化合物中吸引电子的能力越强。

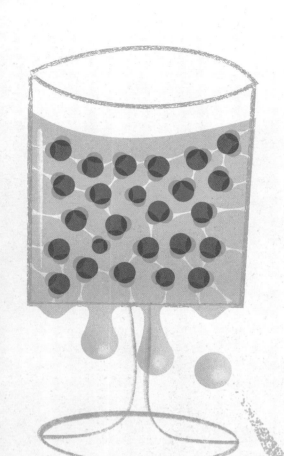

再加点盐

在我们洗澡时，水的极性也会发挥作用。水是一种珍贵的溶剂，它不能溶解脂肪，但能够溶解很多其他物质，比如食盐。当食盐颗粒进入水中时，水分子被组成氯化钠晶体的**离子**所带的电荷吸引，并将它们从晶体中**分离**出来，通过这种分离的方式使食盐分子逐渐溶解到水中。

毛细现象

水能够在玻璃管中向上攀爬，得益于**附着在管壁上的氢原子**，而且管越狭窄，水爬得越高。这种特性使得树汁即使在很高的树体内也能上升！因此，水具有的**内聚力**会想尽一切办法努力克服重力。

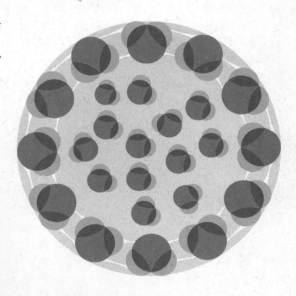

水滴

当降雨时，水会卷起成为一个液滴，形成一层将所有分子都包裹在内的"薄膜"。在池塘或水渠中，它们能聚集在水面上，形成一层能够让许多昆虫在上面行走或奔跑而不会下沉的透明"薄膜"。

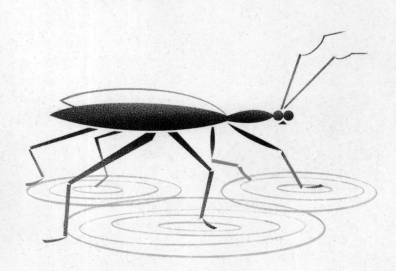

前往地心

早在 19 世纪时，就有科学家设想过，我们的星球应该是由同心的多层壳体组成的：一个由铁、镍等重元素组成的地核，一个含有较轻元素的地幔，和一个"漂浮"的地壳。

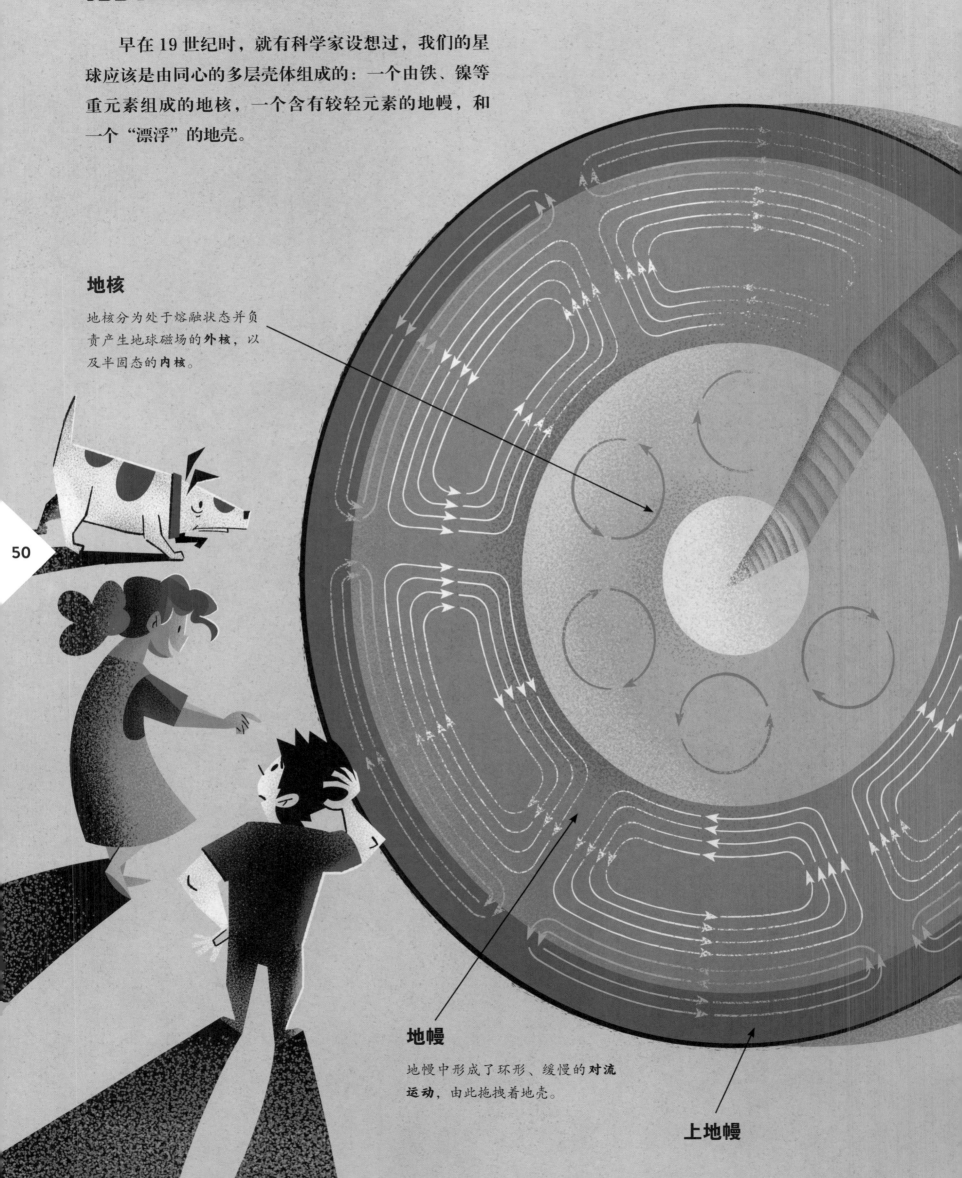

地核

地核分为处于熔融状态并负责产生地球磁场的**外核**，以及半固态的**内核**。

地幔

地幔中形成了环形、缓慢的**对流运动**，由此拖拽着地壳。

上地幔

"看看"地球的分层

　　如果我们可以切开地球，那么它的横截面看起来将会是一个分层的半球，但这是不可能的，因为它太硬、太厚、太热、太大了。即使借助用于探寻石油的超过 10 千米长的钻井，我们也无法穿透并观察地球的地层。我们必须借助**由地震引起的地震波**展开研究。事实上，地球对于纵横交叉的地震波来说是"透明"的。地震波携带着能量，在穿过不连续的地层（密度不同）时，就会发生反射和折射，就像我们将花放在花瓶中，茎部浸泡在水中的部分在视觉上会像是折断并膨大一样。**通过测量地震波的速度，我们可以获得它穿过地层的图像。**

地壳

岩石

　　火成岩或岩浆岩是具有精确化学式的矿物聚合体，它们由不同类型的晶体组成，这些晶体因其化学和物理特性与熔融的岩浆区分开来。如果它们是在地壳下的岩浆中形成的，则被称为**侵入岩**，晶体相对较大。

　　喷出岩是通过火山喷发到达地表的。它经过快速结晶，晶体很小。

　　沉积岩则是由水对其他岩石的侵蚀作用所产生的颗粒（碎屑）形成的，例如由碳酸钙（$CaCO_3$）和碳酸镁（$MgCO_3$）形成的石灰岩。它甚至包含来自生物体的外壳和骨骼，意大利多洛米蒂山的白云石就源自古珊瑚的外壳。而钙华则是化学成因的石灰岩，是由富含碳酸钙的水覆盖在低洼沼泽里的苔藓和水生植物上形成的化学沉淀。

温度

地球的温度具有重要的作用。我们在地表接收到的热能主要来源于太阳，而来自地下的那部分热能也是非常重要的。太阳能可以推动大气圈（通过风）和水圈（通过波浪和洋流）的运动，这是塑造地球表面的主要推手。地球内部的热能则使地壳发生形变并使大陆发生漂移。回想一下**地温梯度**，它表示地球内部每增加一个单位深度所发生的温度变化（平均每深 39 米，温度上升 1℃）。

大陆漂移与板块构造

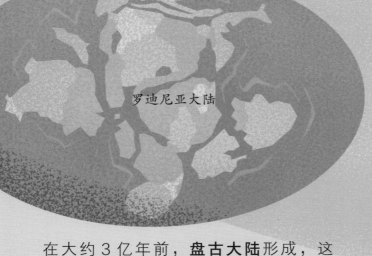

罗迪尼亚大陆

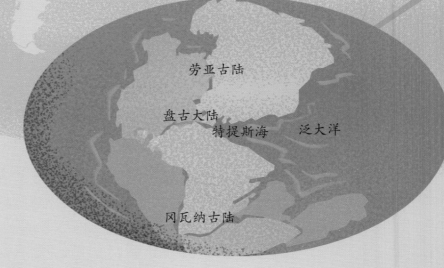

劳亚古陆

盘古大陆
特提斯海　泛大洋

冈瓦纳古陆

　　在大约 3 亿年前，**盘古大陆**形成，这是一片被分为两大块的超大陆：北方的**劳亚古陆**和南方的**冈瓦纳古陆**，中间被一片叫作**特提斯海**的古海洋分隔开来，而周围则环绕着原始海洋——**泛大洋**。

板块构造

　　大陆漂移理论的拟定，或者更确切地说是**板块构造**（源自希腊语 τεκτονικός，"构造"一词，与建筑术语相关），解释了参差不齐的大洋中脊的形成原因：岩浆从靠近地幔处喷涌而出，加上内生压力引起的褶皱，从而形成海底山脉。

地壳浸没在地幔中，熔化、凝固并循环往复；在地壳"浸没"区域（俯冲区）的海洋最深处形成了一道海沟（马里亚纳海沟，最深处约 11034 米）。在海沟旁形成了像南美洲一样的山脉和大型火山区，就像安第斯山脉和火山共存那样，令人印象深刻。

板块在洋脊区处开始分离，分离的海床上填充着玄武岩岩浆。

海沟

岩石圈　　　　　俯冲区　　　　　　　　　　　　　洋壳　　　　　俯冲区

海沟

与此同时，最初的地壳就像救生筏一样从岩浆中冒了出来，然后又沉了下去。比如，超大陆罗迪尼亚大陆在大约12亿年前开始形成并在南半球聚集，维持了长达4.5亿年。

德国人阿尔弗雷德·魏格纳（1880—1930）提出了**大陆漂移理论**。事实上，在1910年，当他俯瞰大西洋各大洲的大陆坡时，他观察到它们之间出奇地一致，他写道："就好像我们必须通过匹配轮廓的方式，来重新组合被撕裂的报纸。"魏格纳穷尽一生也没有让人们接受这一理论，因为他没有给出大陆板块如何移动的原因。直到20世纪中期，得益于海底钻探技术，人们才发现地壳板块是漂浮在地幔之上的，由半熔融物质的对流运动（如同传送带一样）驱动。

53

地幔对流运动使得海床（横向断层）和大陆区域分裂开来，形成了一个构造坑（红海）。

2亿年前，超大陆开始分裂成新的地块（或称板块）。

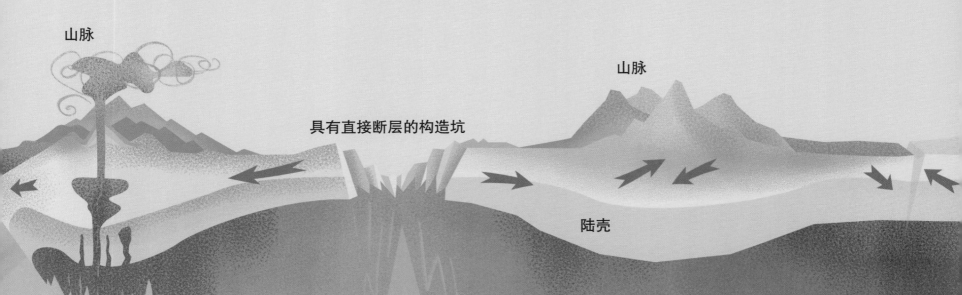

山脉

山脉

具有直接断层的构造坑

陆壳

磁力

自然界中有一些金属，如钴、镍等，它们就像磁铁矿一样会吸引其他金属物体。磁铁的吸引力是不均匀的，在其两极（南北）最大，向中心逐渐递减。用磁铁和铁屑可以很直观地显示出磁场：我们会看到铁屑碎片受磁力的吸引，沿磁场南北极以有规律的曲线排列。

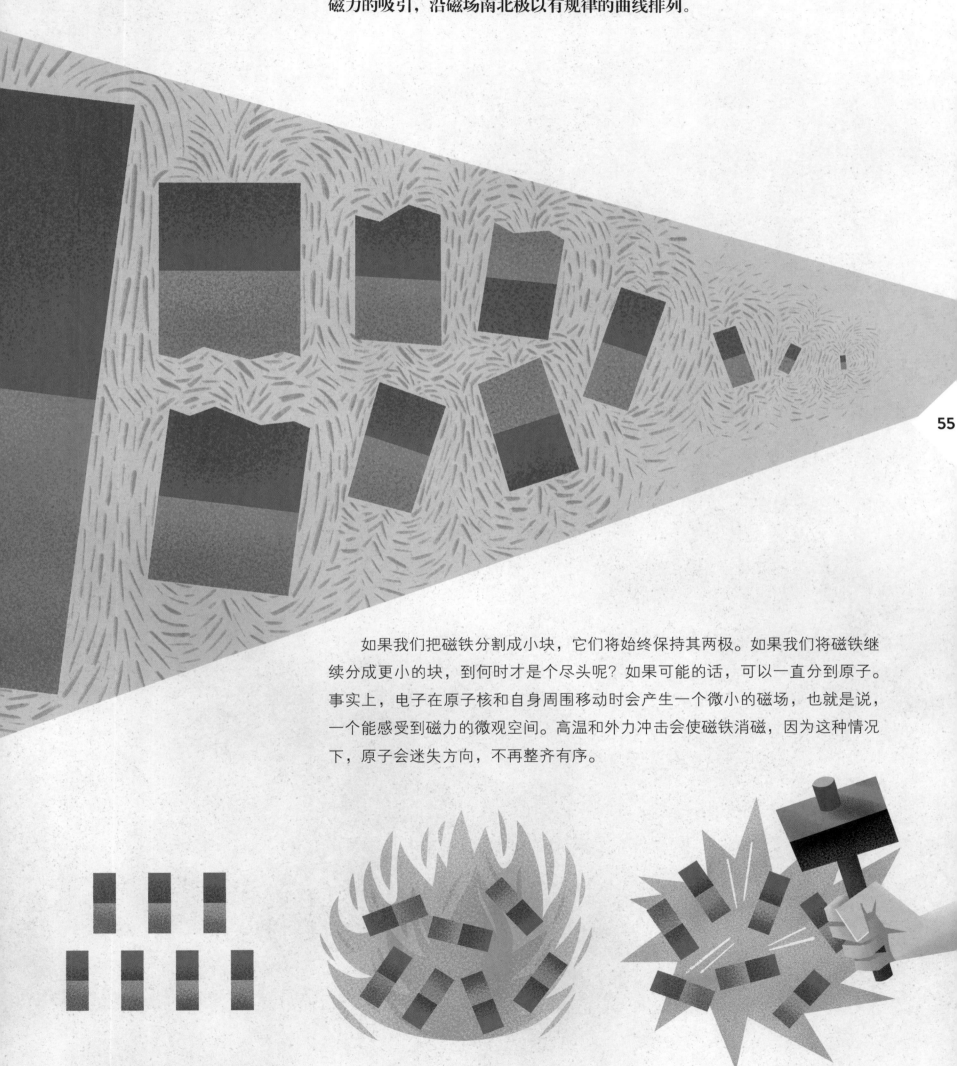

如果我们把磁铁分割成小块，它们将始终保持其两极。如果我们将磁铁继续分成更小的块，到何时才是个尽头呢？如果可能的话，可以一直分到原子。事实上，电子在原子核和自身周围移动时会产生一个微小的磁场，也就是说，一个能感受到磁力的微观空间。高温和外力冲击会使磁铁消磁，因为这种情况下，原子会迷失方向，不再整齐有序。

电磁学

我们生活在能量波的海洋之中，就像风吹过海面形成的波浪一样，能量波也具有长度、宽度（强度）和频率。它们由多种来源产生，并将能量传送到全宇宙。

无线电波

微波

56

无线电波　　　　　　　微波　　　　　　　红外线　　　　　　可见光谱

每一个由运动的带电粒子组成的物体都会自发向外发出电磁辐射并产生能量交换。

物理学家麦克斯韦通过方程组表明,电磁场可以以波的形式在空间中传播,这些波就是电磁波。电磁波包括无线电波、微波、红外线、可见光、紫外线、X射线和伽马射线。

光和所有的电磁辐射(极限速度约为每秒 30 万千米)都是由光子组成的,它们能够为形成物质的原子中的电子提供能量。我们的眼睛只能感知浩瀚的电磁波谱中有限的一小部分。

紫外线辐射

红外线辐射

X射线

光

詹姆斯·克拉克·麦克斯韦
1831—1879

紫外线　　　　X射线　　　　伽马射线

电磁波谱

第五阶段

5

从地球到生命

生命是什么？我们很容易想到，所有"活着"的东西都是有生命的：某种可以活动、发展、适应和繁殖的东西。一块石头或是其他无生命的物体都不具备这些属性。一个带有活跃电子云的原子，能够与其他原子相互作用，它是活着的吗？不，但它肯定会参与到生命当中。事实上，每一种生命形式都是由一组一组的原子和分子构成的，它们演化出两种基本机制：新陈代谢和遗传繁殖。

杰拉尔德·乔伊斯——生物学领域的顶尖科学家之一，给了我们以下的定义："生命是一个能够自我维持的化学系统，能够整合新特性（突变）并受演化（适应环境）的影响。"

"构建"生命需要特定的材料，其中之一是碳。这是一种多功能的化学元素，是组成生命"砖块"（蛋白质、碳水化合物、脂类、核酸）的基础。碳很容易与氢、氧、氮、磷相结合。我们吃的每一种食物、身体里的每一个部分，都含有碳。

生物体里的碳元素

我们身体约 18% 的部分是由碳元素构成的，它是一种被认为是地球生命脊梁的化学元素，广泛存在于岩石、大气和水中。但直到最近，科学家们才了解到它如何在恒星的熔炼下形成，并于之后出现在我们的星球上。地球上的这些含碳元素的有机分子究竟是如何产生，并定义了生命的新陈代谢和遗传学特征的呢？

关于生命起源的问题，科学家提出了许多假说，然而有一点是公认的：碳原子在其中发挥了关键作用。由于其特殊结构，它是唯一一种能与不同原子**结合的物质**，能形成非常长的分子链，且产生无数种形式，如**蛋白质、碳水化合物、脂类、DNA、RNA**。正如特殊环境条件下的原子以不同的方式相互作用，分子也更倾向于结合在一起，形成越来越复杂、稳定且能演化的结构，从某一时刻开始，为了能存活下去，它们开始自我复制。

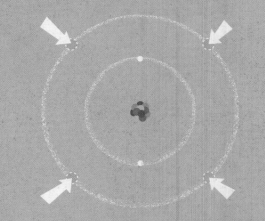

碳原子有**四个价电子**，这个特点使其能够与其他原子形成四个键（共价键），例如在甲烷分子中，化学式为 CH_4，分子结构为正四面体。

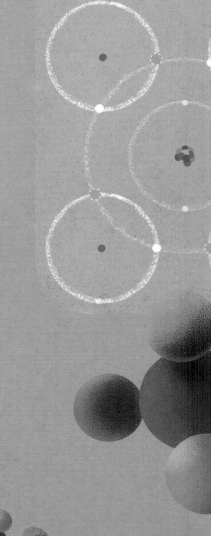

起初，人们认为所有的生物体都是由一定的化学元素和化合物构成的，且无法在实验室中重现生命的产生过程。**直到 1828 年，德国化学家弗里德里希·维勒**（1800—1882）的实验改变了这种看法。当时他在实验室里加热一种矿物质（氰酸铵），得到了**尿素**——一种动物尿液中的化合物，证明了**无机元素**也可以产生有机物，因此有机物和无机物之间没有明确的界限。碳化学，或有机化学，由此诞生。

哈罗德·尤里和
史丹利·米勒的实验

1953 年，**哈罗德·尤里**和他的学生**史丹利·米勒**想到一个绝妙的主意：在一个普通的玻璃球里模拟原始地球的大气（甲烷、氨、水蒸气、氢气以及其他成分），并通过模拟**闪电**的放电提供能量。结果出人意料，最终形成了含有**多种有机化合物**（主要是**氨基酸**）的一种"汤"。

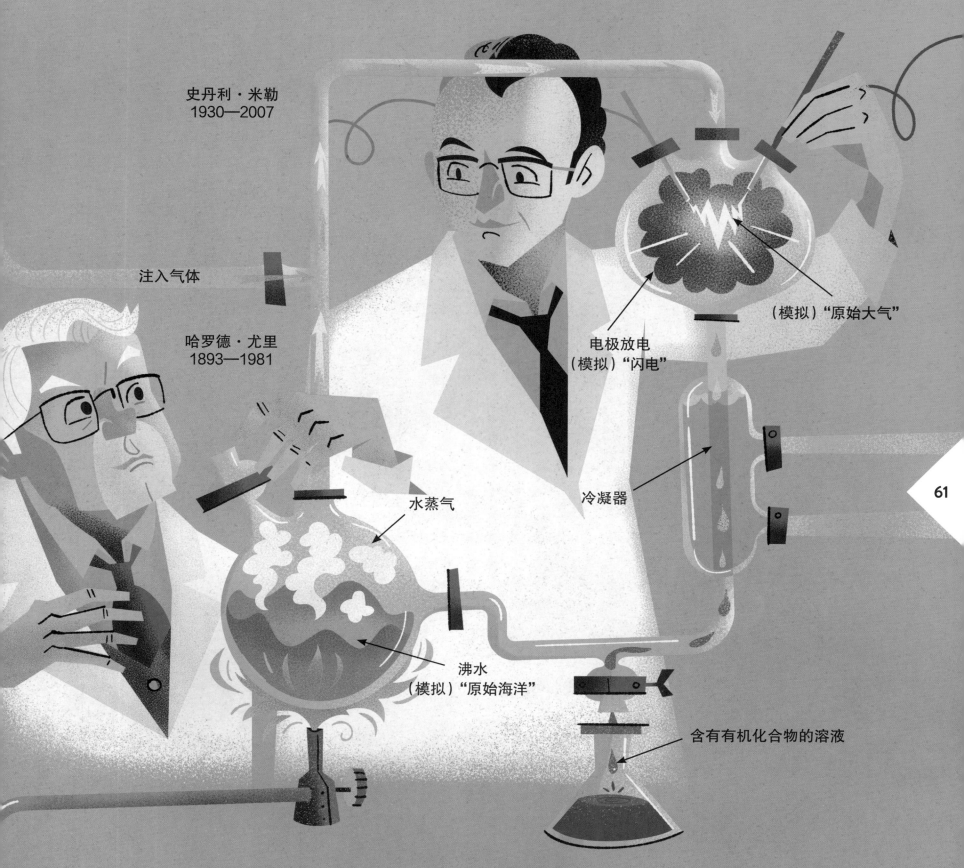

史丹利·米勒
1930—2007

注入气体

哈罗德·尤里
1893—1981

电极放电
（模拟）"闪电"

（模拟）"原始大气"

冷凝器

水蒸气

沸水
（模拟）"原始海洋"

含有有机化合物的溶液

61

来自星空，抑或来自深渊？

关于地球上生命单纯起源于"化学砖块"的假说曾被广泛认可，但随着科学研究的深入，新的发现挑战了这一观点。科学家们在靠近热液喷口的大洋中脊深处发现了一些生物体，这些生物能够在无光、极高温和高压的环境中生存，以黑色含硫物质为食，形成了一个与地表截然不同的生态系统。此外，**地壳深处的细菌以及古老陨石中的有机物残留**也表明，生命可能在极端条件下形成。地球化学家还就某些矿物和岩石的成分提出假设：它们能在有机元素的形成中相互作用。简而言之，对生命起源的研究持续提供新的发现，但**所有的理论都支持这一点：生命的"第一块砖"可以在有碳和某种形式能量的特定条件下形成**。

大气

我们可以看到，碳是生命诞生的关键化学元素。然而，仅仅拥有能够结合成日益复杂的分子的能力是不够的，还需要一个合适的环境。水、闪电、辐射、能量、陨石、彗星，所有有助于塑造和改变地球的因素都在生命的起源中扮演了重要的角色。

地球历史上的众多变化使大气也发生了许多变化，大气层是一层薄薄的气体外壳，包裹着我们的星球，并受引力限制。最初，它的化学成分与现在不同：含有氢气、甲烷、二氧化碳、氨、二氧化硫、水蒸气，简而言之，当时的空气是不能用以呼吸的！接下来，**氧气接管了一切，这要归功于第一批能够进行光合作用的生物**的活动。这是**臭氧层**形成的基础，臭氧（O_3）是一种能够过滤危险的紫外线辐射的分子。

当前的空气主要由 21% 的氧气和 78% 的氮气组成，这限制了氧化作用，还有 0.04% 的二氧化碳，以及极小一部分其他气体。

62

氧气灾变

氧气的释放对于**厌氧单细胞生物来说是一场灾难**，但制造了与现在相似的大气。

原始大气

原始的气态大气是无氧的，但富含氢气、甲烷、二氧化碳、氨、二氧化硫和火山喷发产生的水蒸气。

40 亿年前

30

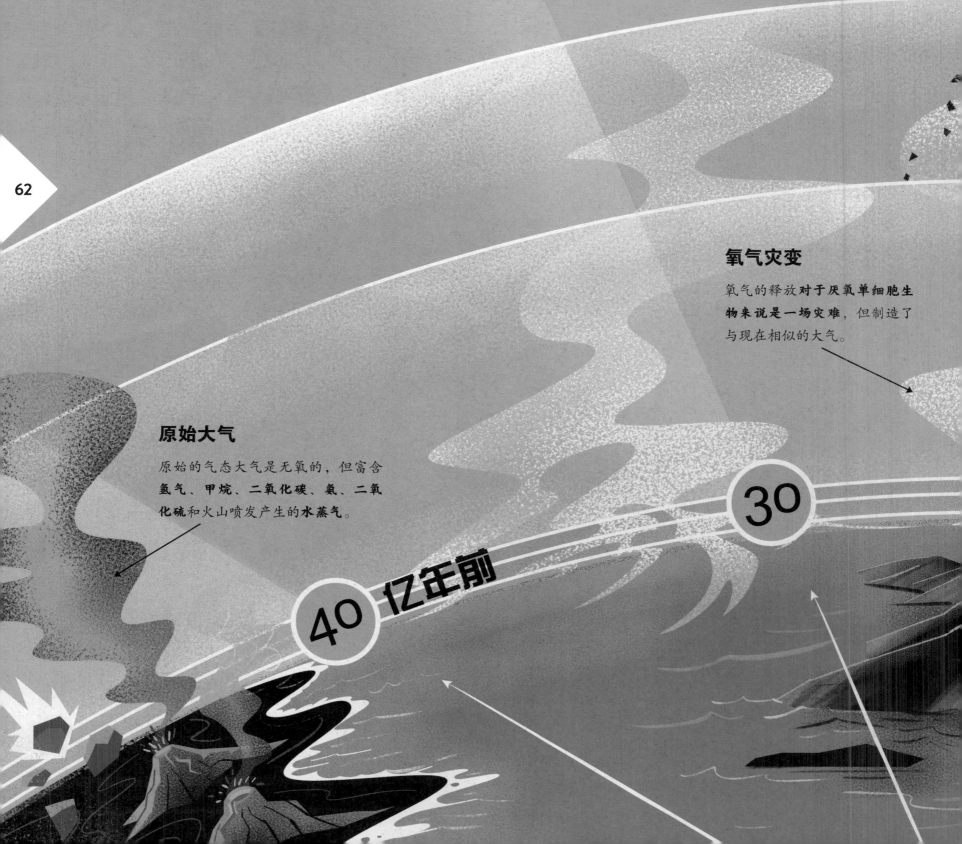

调节温度

大气负责调节地球表面的温度。

塑造地球

大气的压力有助于塑造地球表面。它在水循环中也发挥着关键作用。

保护生命

大气吸收对生命有害的辐射并保护我们免受坠落陨石的伤害，令其通过与大气的摩擦而解体。

大气压

　　大气压的大小等于单位面积垂直空气柱所受的重力。空气压在万物之上，也包括我们的身体：我们背负着 **100 千克重的空气** 而没有被压碎，因为它 **作用于各个方向上**，存在我们身体内部的空气也与外部的空气相互作用。

　　用来测量大气压的仪器是 **气压计**（英文的 barometer 源于希腊语 βάρος），由物理学家 **埃万杰利斯塔·托里拆利**（1608—1647）发明。一个标准大气压相当于 760 毫米高、1 平方厘米截面的汞（Hg）柱产生的压强。

　　大气压是气象学的一个基本要素：风的形成依赖于高压区和低压区之间存在的空气质量差，质量较轻的空气所含的水分较少（有时会以降雨的形式释放）。

63

散逸层 10000 千米

热成层 640 千米

二氧化碳

温室效应

近年来，人们一直在谈论的著名的"温室效应"被认为是造成气候变化的罪魁祸首，而温室效应的成因正是空气中二氧化碳含量的不断增加。这种气体分子会捕获来自地面的红外辐射，当它在大气中的含量增加，就会导致地球表面温度升高。

20

中间层 85 千米
平流层 50 千米
对流层 15 千米

10

细胞——生命的单位

我们已经看到，在碳和某种形式能量的作用下，分子是如何聚集成氨基酸、有机物，以及构成生命的"第一块砖"的。

化学、时间和自然选择都在这个过程中占了相应的比重，但是要理解从复杂分子的简单集合到产生细胞的所有复杂机制，尚有很漫长的路要走。**分子进化理论阐述了这些机制：为了能在地球上存在，分子组已经变得多元化，逐渐变得越来越稳定，并通过选择**（分解或吸收不稳定的分子）**来自我优化**，而更有效避免消失的方法就是**复制**。因此，多样性、选择、复制共同引导了**进化机制**，与新陈代谢一起定义了生命。让我们看看这一切是如何在所有生命的基本单位——细胞中体现出来的。

1665 年，罗伯特·胡克利用自己制造的显微镜，在观察软木的结构时发现了细胞。20 世纪末，细胞结构和生物化学的研究成为生物学上一个伟大的里程碑，这得益于电子显微镜的发明，它是利用电子束而不是光来工作的。

原核细胞

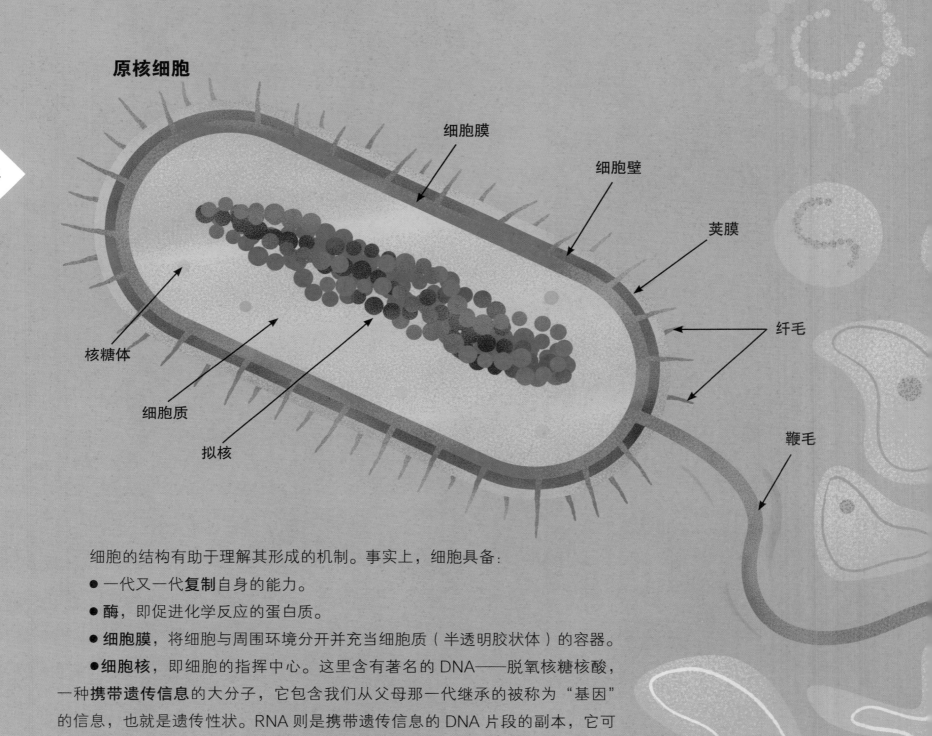

细胞膜

细胞壁

荚膜

纤毛

鞭毛

核糖体

细胞质

拟核

细胞的结构有助于理解其形成的机制。事实上，细胞具备：

● 一代又一代**复制**自身的能力。

● **酶**，即促进化学反应的蛋白质。

● **细胞膜**，将细胞与周围环境分开并充当细胞质（半透明胶状体）的容器。

● **细胞核**，即细胞的指挥中心。这里含有著名的 DNA——脱氧核糖核酸，一种**携带遗传信息**的大分子，它包含我们从父母那一代继承的被称为"基因"的信息，也就是遗传性状。RNA 则是携带遗传信息的 DNA 片段的副本，它可以在细胞质中合成蛋白质。

原核生物和真核生物

根据生命起源理论，我们需要区分**两种类型的细胞**，最古老的被称为**原核细胞**，具有**分散的遗传物质**，而**真核细胞**则具有**完整的细胞核**。细菌和其他单细胞生物，如原生生物，都是原核生物，它们在地球上出现的时间可以追溯到大约 35 亿年前（化石遗迹），而真核生物在 15 亿年后才开始发展壮大。再过大约 5 亿年，光合真核生物也演化出来，它们能够利用太阳光作为能量来源。

真核细胞

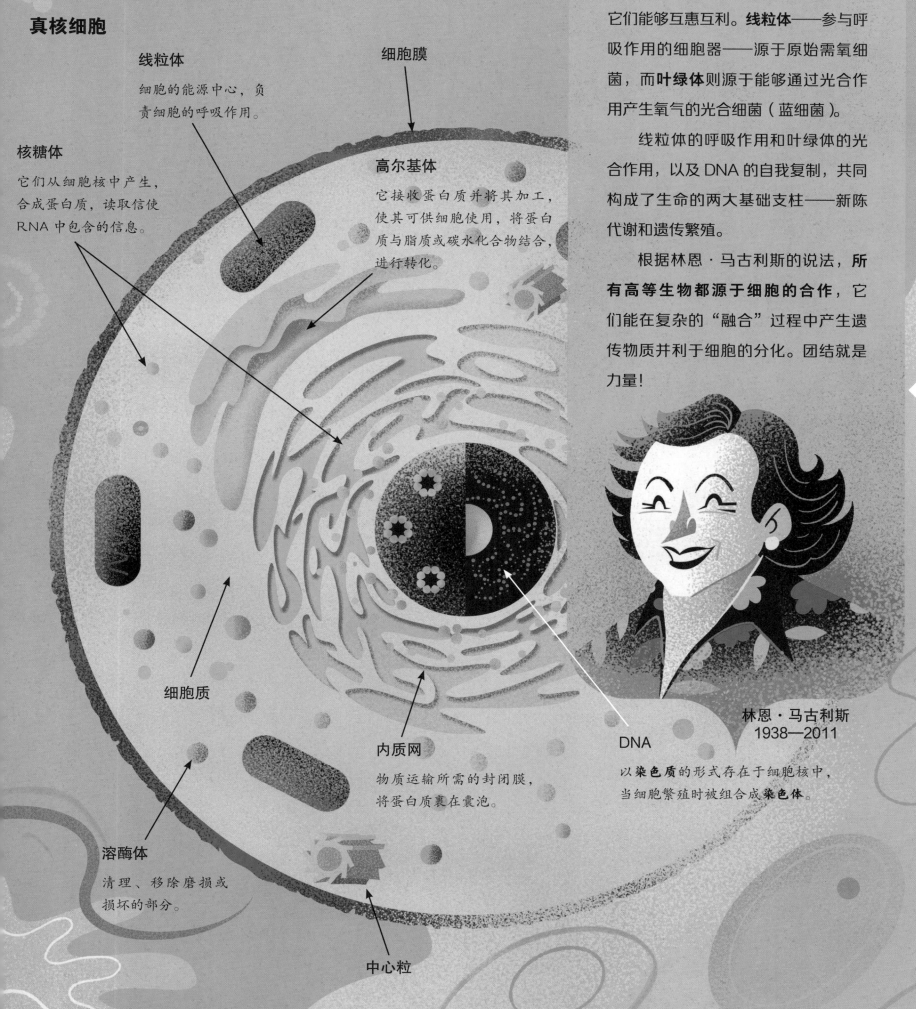

线粒体
细胞的能源中心，负责细胞的呼吸作用。

细胞膜

核糖体
它们从细胞核中产生，合成蛋白质，读取信使 RNA 中包含的信息。

高尔基体
它接收蛋白质并将其加工，使其可供细胞使用，将蛋白质与脂质或碳水化合物结合，进行转化。

细胞质

内质网
物质运输所需的封闭膜，将蛋白质裹在囊泡。

溶酶体
清理、移除磨损或损坏的部分。

中心粒

DNA
以**染色质**的形式存在于细胞核中，当细胞繁殖时被组合成**染色体**。

内共生

由于细胞的进化非常有趣，**内共生理论**得到了微生物学家林恩·马古利斯和大多数生物学家的支持。这个理论认为，真核细胞的出现，要归功于最初原始真核生物将共生**细菌**引入其细胞质，它们能够互惠互利。**线粒体**——参与呼吸作用的细胞器——源于原始需氧细菌，而**叶绿体**则源于能够通过光合作用产生氧气的光合细菌（蓝细菌）。

线粒体的呼吸作用和叶绿体的光合作用，以及 DNA 的自我复制，共同构成了生命的两大基础支柱——新陈代谢和遗传繁殖。

根据林恩·马古利斯的说法，**所有高等生物都源于细胞的合作**，它们能在复杂的"融合"过程中产生遗传物质并利于细胞的分化。团结就是力量！

林恩·马古利斯
1938—2011

叶绿素的光合作用：恒星和太阳创造了我们

除了某些类型的原核生物和我们讲过的以海洋深处的热源为生的生物外，大多数生命形式都是在阳光下发展壮大的。叶绿体是一种细胞器，能够将太阳能带入我们的生物圈。

正如我们所知，在食物金字塔的底部是植物，往上是植食动物和肉食动物。**如果没有金字塔底部植物的滋养，就没有我们的存在。**在光合作用中，碳以二氧化碳的形式从大气中被捕获，最终形成有机化合物，**并释放氧气。动物无法从无机物中合成有机化合物，因此我们需要依靠植物。**我们现在可以理解了：只有当植物世界"入侵"我们的地球之后，动物才有可能在不同的栖息地存续，并得到多样化的发展。

叶片截面

上表皮

栅栏组织

维管束

细胞间隙

角质层

气孔

进入植物的**光能**会被类囊体膜上的色素所吸收，并根据吸收的辐射不同而显现不同的颜色。**最常见的是能够吸收紫色、蓝色、红色波长的光并反射绿光的色素。**当色素吸收光时，分子中的电子会跃迁到更高的能级，接着吸收的能量以光和热的形式释放出来，电子再回到初始能级，释放的能量进入附近的分子，其电子随后再上升到较高的能级，如此循环往复。**叶绿素**是一种能更好地将光能转化为化学能的色素，这得益于叶片**栅栏组织**中所含的**叶绿体**。叶片表皮覆盖着一层角质层，另一侧表皮上则有如同移动门一样的开口，被称为**气孔**，用于控制水蒸气、二氧化碳和氧气等气体的进出。

$$6CO_2 + 6H_2O \xrightarrow{\text{光照}} C_6H_{12}O_6 + 6O_2$$

二氧化碳+水　　　　　　　　糖类+氧气

叶绿体中含有堆叠的**类囊体**，这些圆盘状的结构能够以最佳的方式吸收光。如果要详细描述光合作用中发生的反应非常复杂，用上面公式表达这个过程很好理解：由于光能的作用，空气中的二氧化碳和含有矿物质盐的营养液被转化为糖类和氧气。

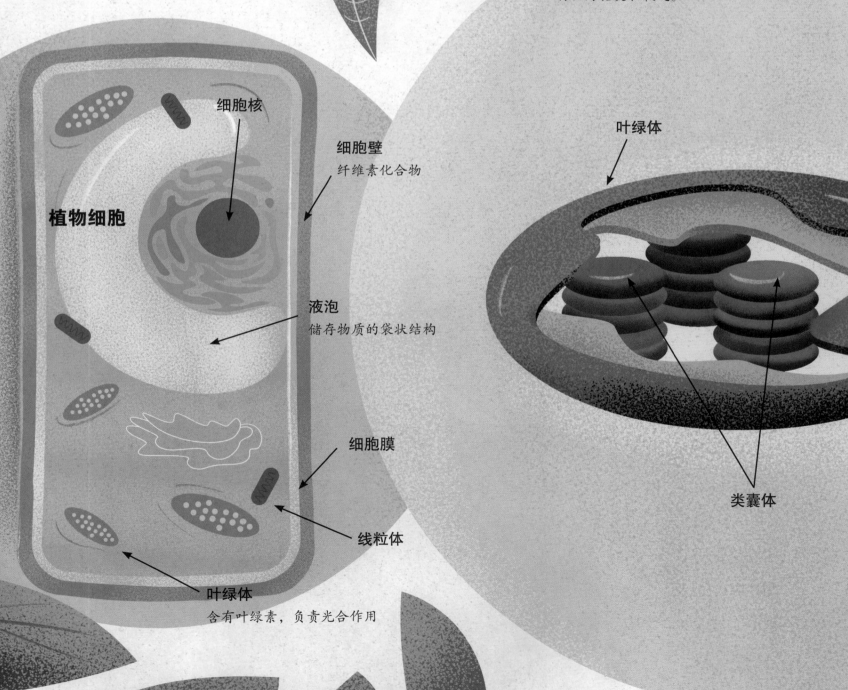

植物细胞

细胞核

细胞壁
纤维素化合物

液泡
储存物质的袋状结构

细胞膜

线粒体

叶绿体
含有叶绿素，负责光合作用

叶绿体

类囊体

DNA和RNA

你看起来长得像谁？你是一只老鼠，一只小苍蝇，一朵玫瑰，还是一片树叶？你身上具有一些特征，这让你属于人类；同样的，苍蝇属于昆虫，玫瑰属于植物，也是一样的道理。如果你和朋友比较鼻子、头发等，你会发现你们在外观上也存在千差万别。地球上拥有着广泛的生物多样性！所有的差异都是由染色体决定的，它位于细胞核中，每个物种的染色体数量都不一样。

我们人类有 46 条**染色体**，果蝇有 8 条，非洲象有 56 条，各不相同，它们负责决定**遗传特征**。染色体是细胞繁殖时 DNA 所呈现的形式。DNA 是一种大分子，在其中，较小的分子序列会产生一条"代码"，它包含了关于我们是什么、如何形成、如何运作的信息。简而言之，它是"创造"我们每个人的秘方。

弗雷德里希·米歇尔是一名瑞士生物学家，他于 1869 年首次分离出 DNA（脱氧核糖核酸的缩写）。这是一种大分子，微酸性且含有磷。

因此，DNA 分子是一个由数千个脱氧核苷酸组成的很长的序列，这导致了遗传物质的极大可变性。

它是如何构成的？

20 世纪 50 年代初，**詹姆斯·沃森、弗朗西斯·克里克和罗莎琳德·富兰克林**（她英年早逝，因此未能与团队其他人共同分享 1962 年的诺贝尔奖）推导出 DNA 的几何模型：双螺旋阶梯状结构，"扶手"由糖分子（脱氧核糖）和磷酸基团交替组成，而"梯级"则由其他分子组成，即**四种脱氧核苷酸（腺嘌呤 A、鸟嘌呤 G、胞嘧啶 C、胸腺嘧啶 T）**以互补形式成对排列并通过氢键相连接（像水分子之间的静电一样）。

氢

如何复制?

　　DNA 最大的功能就是**自我复制**。在形成与母体相似的子细胞时,**两个细胞中的染色体复制到等量**(有丝分裂);DNA 分子从中间**像拉链一样打开,成对的碱基在相应氢键处断开**。当碱基一步步断开之后,两根链条就扮演了"模具"的作用:新的链条形成,新的碱基对(脱氧核苷酸)生成。就这样,由于这种机制,遗传信息物质就能得到拷贝(复制)并代代相传。当然,信息复制重复得越多,出现错误的风险也就越大,并且会产生各种各样的结果!

RNA

　　但又是谁从 DNA 那里接收"命令"呢?是另一种重要分子:RNA(核糖核酸)。它与 DNA 的不同之处在于,RNA 是单链条的核糖核苷酸,且碱基中含有尿嘧啶(U)而非胸腺嘧啶(T)。简而言之,RNA 的功能是复制与某些蛋白质相对应的部分 DNA,然后将它们运出细胞核,并形成其他相同的蛋白质。如同面包师利用模具准备面包、制作、烘烤并带回家一样,RNA 即信使,**信使 RNA 在细胞核中紧挨着 DNA(下达指令)工作**,复制蛋白质的一部分功能,即基因,将其委托给**转运 RNA(tRNA)**。后者携带**蛋白质产物**进入细胞质,然后进入核糖体和线粒体进行下一步处理。

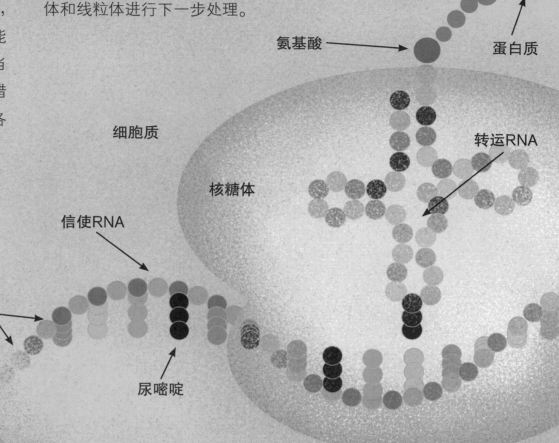

氨基酸　　蛋白质

细胞质

核糖体

转运RNA

信使RNA

核糖

尿嘧啶

特殊"嫌疑人"

　　我们常说生命的创生过程中存在若干"嫌疑人":每名"嫌疑人"都以自己的方式对生命作出贡献。碳原子在环境条件的作用下,产生了越来越稳定的大分子。生命的稳定可以通过多种策略来实现。例如变得越来越大,例如消灭天敌,等等。但如果想要在地球上活得更长久,最好的方法是复制!最新研究表明,第一批运用复制机制的分子正是 RNA,这令它成为将生命带入地球的"嫌疑人"!神秘感愈发浓烈了。

69

病毒，寻找家园的外星人

它们没有细胞结构，不是动物，不是植物，更不是矿物，但它们在到处寻找可供自己繁殖的细胞，并寄生在其他生物的细胞中。它们在地球上的出现过程尚未明确，简而言之……一个巨大的谜团！

病毒这种东西很难定义：我们知道它由含有 DNA 或 RNA 的蛋白质包膜组成。我们曾说过，**新陈代谢**和**繁殖**是所有生物都具备的两个特征，但**病毒不吃饭**，**不需要能量**，当它繁殖时，须有另一个细胞或细菌存在并成为它繁殖的"代价"。**病毒就像寄生虫。**

病毒与细胞接触时，会紧密地贴在细胞膜上，并用其蛋白质包膜与之适配，病毒包膜可以具有不同的形状。

然后它会将自己的 DNA 或 RNA 注入细胞，当细胞发现自己体内出现陌生的遗传物质信息的时候，会遵循其指令，这样就促成了病毒复制。病毒完成复制，离开受损的细胞，再去依附其他细胞，如此循环。

病毒通过自身复制，会对宿主的机体造成伤害，宿主会试图通过**免疫系统**将其驱出。**疫苗**被用来对抗最危险的病毒，这是一种用于"引导"抗体使其能够快速阻断感染的药物。科学新发现和生物技术正取得巨大的进步，比如针对新型冠状病毒疫苗的成功研发。

一种非常有趣的技术是**单克隆抗体**。它是一种能够进行**特异性识别、结合并中和某种特定抗原**的生物分子，即那些被免疫系统识别为外来且危险的物质。

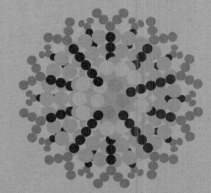

流感病毒

非典型性肺炎冠状病毒2型

然而，没有病毒就不会有我们今天所熟悉的生命。就像辐射、环境条件及其他因素一样，与我们的遗传物质密切接触过的病毒，也都曾经对我们人类的演化作出过贡献。

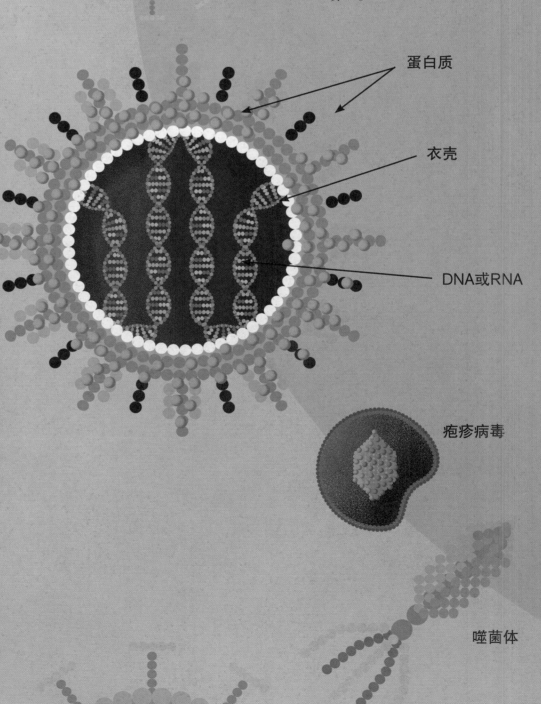

蛋白质

衣壳

DNA或RNA

疱疹病毒

噬菌体

形形色色的细菌世界：这就是生命啊！

它们无处不在：无论炎热、寒冷、肮脏还是干净的环境……到处都有它们的身影。1克土壤中大约含有25亿个细菌！它们十分古老，几分钟之内就可以分裂并翻倍增殖，当环境恶劣时，它们可以变成孢子（在潜伏条件下生存）。简而言之，它们几乎坚不可摧。

我们必须感谢古老的**蓝细菌**，它们含有叶绿素，能够分解水分子并释放氧气。从某种意义上来说，没有蓝细菌，就没有现在的很多动植物物种。

双球菌

链球菌

葡萄球菌

有些细菌是自养生物，也就是说它们能够合成有机分子，这个过程被称为化能合成作用。令人惊讶的是，它能够转化氮、铁、硫。这些细菌是唯一能够代谢无机物的生物。

螺杆菌

原核生物

原核生物是一种具有分散核物质的生物，通常为单细胞，它们组成了地球上最古老的生物群。其中一些细菌在沼泽中数量较多，并能够合成甲烷；另外一些生活在盐度非常高的环境中，如盐田（嗜盐菌）；还有一些仍然生活在高温或者强酸环境中。根据其外形，它们被分为下列种类：棒状的杆菌，球状的球菌，螺旋状的螺杆菌，或者是逗号状的弧菌。作为原核生物的细菌，它们什么都吃，并且能够以多种方式获取能量。它们的历史非常古老，在长达30多亿年的时间里，早已适应了我们星球上最极端的环境。

芽孢杆菌

非致病菌的转化功能非常有用，例如它们可将牛奶变为酸奶。奶牛和其他反刍动物可以利用这种细菌，在胃里消化纤维素。

弧菌

还有异养型细菌，它们拥有更复杂的生物化学结构和独立的细胞核。它们可以是厌氧菌，如梭状芽孢杆菌、螺杆菌和乳酸杆菌（酸奶的乳酸发酵剂）；也可以是好氧菌，如固定在某些植物根部的固氮菌；抑或是肠道细菌，如危险的弧菌和沙门氏菌。

物种演化

我们是从猴子变来的吗？好问题！你相信所有的动植物并非一直如现在这样，而是随着时间的推移不断演化的吗？今天，基于你所学的知识或是老师和父母的讲授，你一定知道，随着时间的推移，生物发生了翻天覆地的变化。你能相信吗？直到 18 世纪时，讨论宗教信仰都要冒着巨大的压力，那时的人相信上帝是地球上所有物体的创造者，它们被上帝造出来时是什么模样，我们今天看到它也是这个模样。在当时，任何人持有不同的想法都是对神明的亵渎！

1831 年，年仅 22 岁的查尔斯·达尔文登上了"贝格尔号"帆船，开启了长达五年的旅程，造访了南美洲、著名的加拉帕戈斯群岛和其他一些大陆。这位博物学家对生物学和地质学的各个领域都充满热情，他在自己的航海日志中做了许多详细的笔记，回到英国之后，以此为基础进行了深入研究，并于 **1859** 年在《**物种起源**》一书中勇敢地发表了在当时极为先进且令人震惊的理论——世界已经不是原来的样子了！

从创造到演化

即使是生活在 18 世纪的博物学家、至今仍被沿用的生物分类命名法之父——**卡尔·林奈**，也坚信物种随着时间的推移是固定不变的。**乔治·居维叶**（1769—1832）提出了灾变论，认为生物的变化是由灾难及其带来的全新、独特的造物引起的。**让-巴蒂斯特·拉马克**于 1801 年向前迈出了一步，他认为**物种的演化取决于某个器官是否得到使用**（例如，长颈鹿的脖子会长得越来越长，以使其能够吃到更高的金合欢树枝上的叶子）；且由此获得的特征可以通过遗传代代相传。但这一切都未经证实！最终，**查尔斯·达尔文**成了阐释这个复杂机制的领路者，与那些即使面对古生物学的证据仍然不愿相信变化的宗教论者形成了鲜明的对比。

达尔文的直觉告诉他，**所有的物种都来自一个共同的祖先，它们身上所发生的变化能够使它们更好地适应生活的环境。**他回忆道，在加拉帕戈斯群岛，每一座岛屿上的海雀、海龟、鬣蜥以及其他动物都具有不同的特征：根据食物的不同，这些海雀有着不同的喙；海龟则表现出形态结构上的差异；陆鬣蜥学会了游泳，以便于在礁石区域寻找食物……达尔文据此推测，影响自然选择的因素包括：**食物、空间和水的稀缺性，以及气候和捕食者。**因此，在同一个物种的不同个体之间也存在着**为了生存而产生的竞争，**那些不太适应环境的个体不得已被淘汰了。每个物种都含有一定的随机变异性，可能有利于也可能不利于某些个体。在**为了生存的竞争中，只有通过遗传继承了有利特征的生物才能继续存活下去。**根据达尔文的观点，个体之间的差异是偶然性造成的：既不是环境产生的，也不是来自无意识的冲动，更不是"创造"的结果。在足够长的时间之后，自然选择会导致各种变化的不断积累，从而产生不同的生物群。因此，以长颈鹿为例，并不是如拉马克所言那样，为了够到最高处的树枝而不断地努力拉伸脖子，而是偶然情况下脖子发生变化的那些个体受到了青睐。**但是在分子水平上又发生了什么呢？**

查尔斯·达尔文
1809—1882

当然，达尔文无法完全解释这个问题，因为他并不了解我们今天熟悉的遗传学机制。现在我们知道，当遭到突如其来的宇宙射线或者其他类型的能量辐射（这就是为什么当我们进行 X 光检查时会采取有效的预防辐射措施），或是接触了某些化学品时，这些突变机制就会在细胞的 DNA、染色体中发生。但达尔文的直觉仍然是正确的，他判断：**生物来自一个古老的共同祖先，**通过自然选择，在数百万年时间里不断演化并广泛传播，逐渐适应了地球上各种各样的生态环境。

40亿年前

35亿

30亿年前

25亿

20亿年前

15亿

10亿年前

9亿

8亿

7亿

6亿

蓝细菌

蓝细菌（蓝藻）
原核生物。

藻类
具有细胞核的单细胞或多细胞光合真核生物。包括红藻、褐藻和绿藻等，能够吸收不同波长的光进行光合作用。

原生动物
利用鞭毛运动的单细胞生物，有时属于寄生型。例如，冈比亚锥虫会引起昏睡病。

无脊椎动物
没有脊椎骨的多细胞动物，如水母、海绵、蠕虫等。

具有外骨骼的无脊椎动物
具有保护和支撑身体的外骨骼：甲壳、贝壳和盔甲。最常见的是三叶虫。

藻类

原生动物

无脊椎动物

具有外骨骼的无脊椎动物

硬骨鱼

鱼类
5亿多年以前，第一条鱼出现在浅水区。它们拥有一个覆盖着骨板的巨大脑袋，一条软骨质的脊椎，且没有上下颌（无颌类）。后来，它们被更加敏捷的具有下颌的盾皮鱼类所取代，如今的鱼就是由此发展而来。

爬行动物
干旱迫使两栖动物在远离水体的地方产卵，并用壳来保护它们。第一批出现的有鳞片的爬行动物能够防止自身脱水。爬行动物征服了陆地，然后是天空。

两栖动物
在干旱期，那些已经具有能够直接呼吸（空气中的）氧气的能力的鱼得到了更好的发展。鱼鳍逐渐变为四肢，囊泡起到肺的作用。

哺乳动物
我们起源于2亿年前的爬行动物，当时这群蜥蜴开始用毛发覆盖身体以控制体温，并且四肢向下生长以便快速移动。后来它们进化出了乳腺，用于哺育幼崽。

细菌！细菌！它是所有物种的共同祖先。包括人类在内的每一种动物胚胎发育的过程中，都会经历高度相似的初期阶段，这一点便是这个非凡事实的有力证据。

苔藓植物

没有维管束的多细胞植物。液体从一个细胞传递到另一个细胞。它们是 4 亿年前征服陆地的第一批植物。

裸子植物

利用裸露的种子繁殖的植物。

裸蕨类

是一类有运输水的导管，但没有叶片的植物。

蕨类植物

利用孢子繁殖的植物，如蕨类。它们拥有运输水溶液的导管。

被子植物

较高等的植物，出现在约 1.35 亿年以前。它们利用花朵和被果实保护起来的种子繁殖。

5亿年前

苔藓植物

4 亿

裸蕨类

蕨类植物和裸子植物

两栖动物

爬行动物

3 亿

哺乳动物

2 亿

被子植物

鸟类

1亿年前

鸟类

鸟类被认为起源于恐龙。始祖鸟的化石记录了这段发生在 1.5 亿年以前的非比寻常的演化过程。

第六阶段

6

从
生命
到
宇宙大爆炸

我们是地球上最后出现的动物之一，人类历史甚至还不到 50 万年。我们一直在找寻关于我们的起源，以及关于我们周围一切的答案，但是我们运用科学的方法来做这件事才仅仅几个世纪。

伽利略曾谈到过"合理的经验和必要的演示"，即：仅仅依靠观察和推理是不够的，想要了解世界及其规律，还需要实验和计算——必须能够验证我们的结论。科学方法是照亮和指引研究的灯塔，有科学的方法，才能够保证研究工作一步一步安全地进行下去。即使结果是失败的，如果是通过科学的方法获得的，也可能有助于找到正确的结论。简而言之，"吃一堑，长一智"这个道理格外适用于科学界。

永远遥不可及

从伽利略首次用望远镜进行天文观测开始，科学与技术一直在不断加速发展。詹姆斯·韦布望远镜的最近一次革新，使我们能够看见距今难以想象的距离之外的天体，帮助我们见证恒星和行星的诞生，观测黑洞及其周围环境，还能够观察其他的类太阳系星系中是否也存在着有潜力孕育生命的类地行星。

在科学方法的引导之下，我们发现了人类以及所有的生物都起源于共同的祖先；细胞是分子缓慢聚集的结果，分子又由原子构成，由恒星的爆炸散射到太空之中；我们知道恒星是炽热的气体团，诞生于数十亿个氢原子之间产生的引力；我们还知道氢是最基本的化学元素，它由一个电子和一个质子组成，并依次由夸克、胶子、玻色子等基本粒子所构成。

伽利略·伽利雷
1564—1642

正是通过研究这些粒子，宇宙学家们试图了解我们宇宙的起源，在加速器中重现我们在本书之旅一开始时谈到的那片空间，并且使朝相反方向运动的质子束以接近光速的速度相互碰撞。

往往触手可及

在这样的碰撞中诞生了新的粒子，它们就像原始宇宙的"化石"，帮助我们将理解万物起源的认知界限往前再推进一步。可以这么说：如果不是每一次的发现都使现实变得愈发复杂，那么我们已经几近可以解开这个似乎无解的谜团了。新的异常情况和一些无法解释的事实，使那些目前为止看似清晰而线性的知识图谱变得复杂。据说，宇宙中只有5%是由我们所能够认知的物质组成的，其余的则是暗物质和暗能量。暗能量的"暗"源于神秘与未知，同时也是因为它超脱于我们的观察系统之外。

70% 暗能量

5% 普通物质

25% 暗物质

所以我们在这里探索和讲述的一切是否都只是整个宇宙的一小部分？我们怎能不因尚未知晓的大量事物而气馁呢？别担心，虽然宇宙是巨大的，还包含着许许多多未知的空间，但正如2004年诺贝尔物理学奖得主弗朗·维尔切克所说，我们的内在也有许许多多的空间，让我们可以持续学习、探索，并勇于期盼新的事实、新的发现。所以，尽管本书已近结尾，但我们的旅程才刚刚开始。毕竟，这样才更美，不是吗？

本书的翻译得到意大利外交与国际合作部的资助。

Questo libro è stato tradotto grazie a un contributo del Ministero degli
Affari Esteri e della Cooperazione internazionale Italiano.

Published originally under the title:

MAPPE DELLE SCIENZE

© Dalcò Edizioni

Via Mazzini n.6, 43121 Parma, Italy

www.dalcoedizioni.it

The simplified Chinese edition is published in arrangement with Niu Niu Culture.

Simplified Chinese translation copyright © 2024 by Beijing Everafter Culture

Development Co., Ltd.

All rights reserved.

此书中地图系原文插图

审图号: GS 陕 (2024) 047 号

版权合同登记号: 25-2023-316

图书在版编目（CIP）数据

写给孩子的极简科学史 /（意）洛里斯·斯泰拉著，
（意）托马索·维杜斯·罗辛绘；叶晔译 . -- 西安：西
安交通大学出版社，2025. 1. -- ISBN 978-7-5693-3896-6

Ⅰ . N091-49

中国国家版本馆 CIP 数据核字第 2024FC8058 号

写给孩子的极简科学史
XIEGEI HAIZI DE JIJIAN KEXUE SHI

策划统筹	白海瑞　于睿哲	项目策划	奇想国童书
责任编辑	于睿哲	责任校对	唐荣跃
特约编辑	李　辉	美术编辑	李燕萍

出版发行　西安交通大学出版社（西安市兴庆南路 1 号　邮政编码 710048）
网　　址　http://www.xjtupress.com
电　　话　(029) 82668357　82667874（市场营销中心）
　　　　　(029) 82668315（总编办）
传　　真　(029) 82668280
印　　刷　河北鹏润印刷有限公司
开　　本　889mm×1194mm　1/8
印　　张　11
字　　数　164 千字
版次印次　2025 年 1 月第 1 版　2025 年 1 月第 1 次印刷
书　　号　ISBN 978-7-5693-3896-6
定　　价　118.00 元

如发现印装质量问题，请与本社市场营销中心联系调换。
订购热线：　(029) 82668851　　(029) 82668852
投稿热线：　(029) 82664981